包装的视觉设计与立体表现研究

李清华 著

吉林出版集团股份有限公司
全国百佳图书出版单位

图书在版编目(CIP)数据

包装的视觉设计与立体表现研究 / 李清华著. -- 长春 : 吉林出版集团股份有限公司, 2022.8

ISBN 978-7-5731-2083-0

Ⅰ.①包… Ⅱ.①李… Ⅲ.①包装设计－视觉设计 ②包装设计－立体造型－研究 Ⅳ.①TB482

中国版本图书馆CIP数据核字（2022）第154290号

包装的视觉设计与立体表现研究

BAOZHUANG DE SHIJUE SHEJI YU LITI BIAOXIAN YANJIU

著　　者：李清华
责任编辑：矫黎晗
装帧设计：李清华
出　　版：吉林出版集团股份有限公司
发　　行：吉林出版集团青少年书刊发行有限公司
地　　址：吉林省长春市福祉大路5788号
邮政编码：130118
电　　话：0431-81629808
印　　刷：北京亚吉飞数码科技有限公司
版　　次：2024年3月第1版
印　　次：2024年3月第1次印刷
开　　本：710mm × 1000mm　1/16
印　　张：14
字　　数：222千字
书　　号：ISBN 978-7-5731-2083-0
定　　价：86.00元

前　言

承载产品的容器以及外部的包扎被称之为包装，产品的包装不但能实现和维护产品的价值，还能起到促销产品的作用。产品从它的开发、设计、生产、包装到销售都是一个完整连环的过程，每个步骤都非常重要，关系到产品的成功与否。包装也是其中必不可少的一环，从消费者对产品外观的重视可见，一个好的包装更能增加市场消费者的认知与兴趣，让产品成功售出。包装设计能激发消费者的购买欲望，帮助用户快速、充分了解产品的性能以及产品的使用方法，帮助产品实现其价值。因此，包装设计逐渐成为研究的一个重要课题，它的目的在于销售更多的产品，大大提高产品的销售率，它还是一门综合艺术，包括经济、心理、社会等诸多学科，能很好地为制造商创造出一些高利润的产品附加值。

在现代社会中，包装行业发展迅猛，在货物的原始价值都处于均匀饱和的状态下，提高包装设计的商业价值是增强市场竞争力的重要手段。同时，高水准的包装设计不仅可以提高企业品牌形象建设、促进商品的销售，而且还可以保护环境，更能促进精神文明建设和社会的可持续发展。

当今的包装已不再是以前单纯的“产品盛装”，不再为了“打扮”而设计，而是已发展为具有更高价值的促销方式，它使产品由被动的被人选发展到主动的吸引人来购买，这种由被动到主动的转变，也让包装有了“无声的商品推销员”这一美誉。一个精湛的包装设计有利于增加企业的效益，促进树立品牌，提高企业的知名度。随着市场竞争力度的不断加强，很多企业将目光转移到包装设计上，当然，这种现象会大大的促进包装设计发展。但目前我国包装产业的发展水平还不高，对于包装的设计、功能、价值研究不够深入，致使我国同质产品的市场竞争力大大缩水，所以，提高包装设计水平，增加包装设计理论研究，拓展包装设计新思路迫在眉睫。只有不断开发包装设计的新形式，提高包装对产品的附加值作用，才能让我国的产品稳稳地立足于世界市场，占据主动地位。只有设计出优秀的包装，才能增加产品的价值，宣传企业良好形象，促进品牌建设。

本书共有六章，主要围绕包装设计的设计理论、视觉表现、设计方法等内容展开分析。第一章是对包装设计理论的分析，包括产品与包装的辩证关系，包装设计的概念、特征、功能、分类，电子商务环境下的包装设计等。第二章是对包装设计发展脉络与趋势的梳理，主要分析了从农耕时代、工业革命时代到互联网时代、人工智能时代的包装设计发展状况，并分析了包装设计未来的发展趋势。第三、四章是对包装设计视觉设计与表现方面的分析，内容包括包装设计的视觉特征、规律、流程、构图、形式法则、语境、视觉表现要素等。第五章、六章是对包装设计材料语言、立体造型、创意方法、印刷工艺等的分析，可以帮助学习者掌握包装设计的材料、结构、造型、创意方法、工艺表现等方面的内容。

综观本书，本书的特点首先表现为内容的全面性，本书对包装设计的分析涉及了方方面面，基本理论、发展历史、视觉表现、材料语言、结构造型、创意方法、印刷工艺，或多或少，均有论及。其次主要表现为与时俱进。设计是一个游走在时代前沿的艺术专业，社会构架的改变、时代的进步、人类思维模式的变化都对设计行业产生影响。本书以传统包装设计理论为基础，结合当下电子商务、绿色设计、文化元素的利用等内容，对包装设计的新特点与新规律进行了分析。

总之，随着社会的不断发展与进步，市场经济的竞争日益激烈，而在这不断的竞争过程中包装设计将是增加竞争力的主要手段，它在经济竞争中尤其是商品价值的竞争上将会是一把利刃，在纷繁复杂的经济竞争下起到不可忽视的作用。现代企业要想在未来的市场上取得一席之地，就要结合时代特征，充分把握包装设计的价值取向，在市场上利用产品的包装创造出商品的附加值，吸引消费者的眼光，促使他们产生购买欲望，从而增加消费群体，推动营销活动，服务于经济市场，创造出更大的商品价值。

作　者

2022年4月

目　录

包装的视觉设计与立体表现

第一章

包装设计入门

包装是人类社会发展的必然产物，是实施商品价值和使用价值的一个重要手段。可以说，产品和包装是同时存在的，包装经历了由原始到文明、由简易到繁荣的发展过程。今天我们在市场上看到的包装已经与产品的开发设计和发展融为了一体，几乎所有产品都需要通过包装才能进入流通的市场。所以包装的作用不仅仅是局限于保护产品、促进销售，它已经成了产品与消费者之间的重要桥梁。

第一节　产品与包装

从广义上看，在现代工业经济链中，大多数情况下“包装”是“产品”，因为它是包装厂为了销售给特定的客户而特别生产出来的。但“产品”不一定是“包装”，因为在众多的各种各样不同的使用价值中，“产品”只要符合其中任何一项预期使用价值就可以成立，但“包装”则必须满足“装载或保护商品”这一特定的使用价值。

一、包装与产品可以互相转化

“包装”是广义的“产品”，当它满足了狭义的“产品”概念条件，即如果这个“包装”使用的是工程材料，生产利用的是工程技术，加工方式为工业化方式，它也可以是“工业产品”；另一方面，如果一件“产品”的主要功能为装载商品或者保护商品，那么不管它还有没有其他的任何功能，用何种方法、技术生产加工，它都已经满足了成为“包装”的必要条件而成为“包装”。所以，“产品”“工业产品”和“包装”这三个概念在一定条件下是可以合而为一的。包装即是产品，产品即是包装。换言之，在这种情况下的包装设计就是产品设计，反之亦然。事实上，在现实中，这种情况常常发生，因此，西方国家的各大设计院校中包装设计是被划分在三维产品设计的专业领域中的。

二、包装从属于产品

包装除了装载保护商品之外，还可以有很多不在包装定义范畴内的功能，我们称之为“包装的第二功能”。如果包装的第二功能是用来配合完善其所装产品的使用功能，或者能和所装产品相结合后产生新的使用功能，那么这个包装就帮助所装产品实现了功能的延伸，可以被当作所装产品的一个附件来对待。

第二节　包装设计的概念与特征

一、包装设计的概念

（一）概念的完善

包装是随着人类社会的发展而不断发展完善的，因此对包装的概念界定也会随着时间不断完善和改进。同时，包装在不同国家发展的情况不同，各个国家对其定义也都不完全一致。

例如，美国早些时期对包装的界定：包装是指符合产品的需求，依照最佳成本，便于货物的传送、流通、交易、储存与贩卖而实施的统筹整体系统的准备工作。可见他们认为包装是为产品的运输和销售的准备行为。日本则提出包装最初是为了便于顾客携带，将商品放于一定的容器。之后又进行了完善和改进，指出包装是使用适当之材料、容器而施以技术，使产品安全到达目的地。随后又补充了包装中还包括装潢的部分，指出包装对盛装商品容器的美化作用。

在欧洲，英国对包装最初界定，提出包装是为货物的运输和销售所做的艺术、科学和技术上的准备工作。在美洲，加拿大对包装的定义是包装是将产品由供应者送达顾客或消费者，而能保持产品处于完好状态的工具。虽然各自说法不一致，但都从一定的角度阐明了包装的功能性。

（二）包装与设计

包装设计包含两个概念：一是包装，二是设计。包装是指产品诞生后为保护产品完好无损而采用的各种产品保护层。因为在运输、库存、销售过程中，没有这些保护层的保护，产品极易受到损坏而失去它应有的价值，这体现了包装作为产品保护层的实用性和科学性。设计是指对包装的美化工作，特别是最外层的美化是为了推广品牌或产品而进行的艺术设计。包装设计采用包括视觉艺术在内的多种艺术手法美化产品，从而引人注目，这强调了包装的艺术性。包装设计的实质是通过科学和艺术的手段在保护商品的同时尽可能地美化商品以增加商品的竞争力，达到促销的目的。

跟许多科学案例一样，包装最初也是源自于大自然的天然包装。优秀的包装范例在大自然中比比皆是，如鸡蛋，在硬性外壳里面还有一层“软膜内包装”。又如板栗，在板栗肉的外面有一层软膜，软膜外面是一层硬壳，硬壳外边还有一层厚厚的多刺的球形外壳，即使它成熟了掉在地上，也不会摔坏，动物也不敢吃它（图1-1）。还有花生、豌豆等，其里外结构的巧妙，堪称自然造化的包装杰作。它们的包装层次与结构变化为我们认识包装提供了有益的借鉴和启发。

图1-1　栗子自身的包装

包装设计在我国很长一段时间都被称为“包装装潢”，而后逐渐演变成“包装设计”，这一演变也从侧面体现了包装这一行业的演变过程。装潢一词源于“装裱”，系指我国特有的裱褙书画、碑帖的技艺，因为在裱褙书画或制作锦盒时要托纸、裱绫、镶边、加天地头、装轴档等，称之为“装”；在四周镶边后形状如池，称之为“潢”，故而得名。设计指的是包装外观上的图形、色彩、文字、编排、商标等组成的视觉设计。随着时代的进步，包装仅仅有良好的外观设计是不够的，还需要考虑企业形象设计、包装结构设计、包装容器造型及线上线下的广告宣传、产品推广等一整套的系统工程，这都是产品包装不可分割的部分，它们共同组成了宏观的包装设计概念（图1–2）。

图1–2　包装的设计

（三）包装设计的内涵

广义的包装概念无所不包，涉及各个领域。本书研究的主要是狭义的包装，即包裹和盛装物品的用具及容器。这里给出对包装的定义：包装是为了达到保护产品，方便储运，促进销售等目的而在采用容器材料和辅助物的过程中，施加一定的技术方法等的操作活动。

商品包装就内涵而言，可以分为包装设计和包装工程两大方面。

（1）包装设计。包装设计是指以商品的保护、使用、促销为目的的设计，主要可分为包装容器造型设计、包装结构设计、包装缓冲设计、包装艺术设计及包装设计法规等。同时，它还包含造型、文字、图案、色彩及表层光洁度等美学范畴。包装设计致力于塑造容器精美、图形新颖、文字鲜明，色彩夺目、材质优良，既能装饰和美化商品，又能促进商品销售的包装物品。

（2）包装工程。包装工程包含与包装容器造型有关的理工学科技术，如结构，材料，防湿、防霉、防腐及表层处理技术等，同时还包括包装件的运输、包装机械设计等。

二、包装设计的特征

（一）实用性特征

其实从包装的定义我们就可以明确包装的“保镖”职责了，因为它是为了“保护商品而存在的”。消费者能够看到的体验到的包装功能是从在实体店里看到或者通过网购收到商品的时候开始的，但对于商品来说，从产品离开厂家的那一刻起，直到产品到达消费者手中，才是这个“保镖”的主要职责所在。相对于消费者的个体产品的携带，批量的长途运输和工业操作更容易造成产品的损耗，因此，在这个过程中，包装的保护功能就显得格外重要。好的包装可以有效避免产品在工业运输和储藏的过程中受到伤害，减少产品损耗带来的经济损失。

生活中，从保安、武警到国家领导人保镖，虽然级别不同，但都是“保护安全”的工作。相应地，包装也有很多级别。不同级别的包装有着不同的保护性能和“外挂”。就像并不是所有的人都能请得起高级私人保镖一样，并不是所有的产品都能负担得起一个专属的高性能包装，不过每个产品在运输和储藏的过程中都必须有一定的保护措施，否则，产品还没有出售就已经损坏，会给商家和社会带来不必要的浪费和经济损失（图1-3）。

图1-3 包装对商品的“保护”

并不只是易碎品才需要保护。只是不同的产品材料、不同的产品特性，需要不同的保护。例如，塑料产品虽然抗压抗震性比较好，但却容易被擦伤，所以要避免摩擦；金属制品强度大，不怕擦刮，但由于一般自身较重，在意外跌落的情况下容易磕伤，因此需要缓冲包装的保护。

有时候，产品的结构会比较复杂，包含了多个不同材料的部件，并且为了方便包装运输，不得不把产品拆零后组合包装。这种时候，包装的内部结构就显得格外重要了。

（二）人性化特征

产品包装设计是为人服务的，只有适应人的需求，包装才有存在的价值。在进行产品包装设计的过程中，设计者必须首先了解产品销售的目标受众具有什么样的特点，考虑什么样的包装才能够为他们带来方便和享受，设计出被受众认可并喜爱的产品包装。

包装设计应当具有人性化特征。产品和产品包装虽然可以分开，但在实际的销售过程中却是不可分割的整体。在进行产品包装设计的时候，必须充分考虑使用者的因素，不仅要具备包装的基本功能，还需要有对产品相关的人性化考虑。在包装所体现的信息方面和具体使用方面，需要设计者多站在消费者的角度来考虑，以达到人性化设计的目的。

人性化的设计要注意提升人的价值，尊重人的自然需要和社会需要。在具体的设计过程中，主要考虑以下要素。

（1）信息方面。需要具备易识别的标识，易懂的说明、图示，接触、抚摸即能准确判断商品包装设计，能通过声音识别和判断，巧妙处理包住和露出的问题。

（2）使用方面。包装在使用过程中应该易开启、易关闭，方便携带，易使用，用后易处理。站在使用者的角度，设身处地为他们考虑，充分利用人性化的观点，才能够设计出好的包装来。图1–4表现人们过年期望团聚的心理。

（三）系统性特征

随着社会生产力和市场经济的日益发展，以及商品包装的日益普及和发达，人们日常生产、生活所需要的一切物质资料产品，无一例外都要经过精心周密的包装才能作为商品在市场流通；而且在当前网络经济品牌先行、体验优先的时代，商品的企业形象已经涵盖了商品的物质属性和内在品质，商品原先的内在属性和外在形式已经有机结合、浑然一体而不可分割了。所以，过去人们仅仅把包装看成是保存产品的容器，把设计看成是对产品容器或器物外表的装饰美化，这种观念已经跟不上时代的发展了，带有这种想法的设计师不能理解包装设计的实质内容，更不用说指导包装设计的实践了。

图1-4　新年礼盒包装

在当今机械化、自动化、网络化的后工业时代里，商品的包装设计涵盖了整个生产和流通领域，从市场需求调研、企业形象策略到产品规划、研发、品种、材料、规格、要求、工艺、技术、容器、包装以及物流、销售、广告等多个领域和环节。包装设计是一个系统工程，它绝不是可以由少数人在手工作坊里就能够完成的，而是需要经过许多群体和部门的周密策划、协同配合，进行社会性的生产和销售才能完成。包装设计的工作必须以产品为核心，从筹划设计开始，包括原材料的选择和印刷设备、包装工艺、成品组装成件、宣传销售、分配运输，直至消费和信息反馈、调整改进和组织再生产等，都与之有密切的关联。包装设计已经发展成为具有自身理论和实践规律，技术队伍庞大，经济实力雄厚，能引导消费、指导生产、影响社会经济发展的完整的生态圈。在这个生态圈中，各个节点的工作环环相扣，有机结合：某个环节的工作必然影响其他部门或环节，部门与环节之间必须互相了解，密切联系，协调配合，形成有机的均衡有效的运作机制，才能与现代社会的生产消费相适应，从而发挥包装应有的作用与效率，促进整个经济向前发展。我国当前的市场经济已经日趋发达成熟，但从宏观上看，包装系统的工作无论是由某个企业或群体有意识按计划完成，或者是由产业链上的许多企业或个人无意中分散去完成，从性质和分工上联系起来看，都应该归属于同一包装体系，并且应该在主观上有组织、有领导地加强与完善这个体系，才能促使其更加有效地工作和健康地发展。

网络经济一夜之间席卷而来，商品销售大幅度减少了中间环节并跨越了国界，获得了井喷式的发展，新的销售模式特别是物流业的发展，对包装与设计提出了更高要求，并促使传统的包装设计进行革新。在这方面，各个大小包装企业和设计公司，乃至各大快递企业都在为包装与设计能够适合新的经济模式进行尝试和革新，这对包装设计、进出口贸易都会产生深远的影响。

（四）综合性特征

市场上眼花缭乱的包装提醒我们，包装设计是由许多学科与部门组成的一门综合性的应用科学，也是一门工艺性很强的综合学科。它的科学性和艺术性是互相结合的，好的包装设计就是科学性与艺术性高度结合的产物。

科学性指的是包装的客观性、合理性和先进性。现代包装设计要符合现实需要与时代潮流，运用现代科学技术的最新成果，如许多新设计、新结构、新材料、新工艺的运用等。例如，美国茶叶商人沙利文发明了袋泡茶包装，这是很多人都使用过的、非常方便的茶叶小包装。它每袋定量，省去了取茶的麻烦，不用过滤茶叶，非常适合商务、居家、旅行，受到广大消费者的喜爱。它用材节省，结构简单方便，有效利用了不能上市销售的散碎茶叶，大大节约了资源，这对促进销售、增加效益起到了很好的作用。袋泡茶已经成了欧美最主要的饮茶方式。

所谓艺术性，主要是指它的设计要富有魅力，制作工艺要精巧。早在春秋战国时期，就有“买椟还珠”的故事，故事中装盛珍珠的盒子精巧绝伦，在那位买椟者的眼中，盒子的工艺价值远在珍珠之上。现在很多人家里的金属饼干罐或糖果盒都是原商品使用完毕之后留下继续使用的包装。人们在购买时不仅仅看中了里面的饼干或糖果，而且还被盒子的二次利用价值所吸引。这些包装促进了生产和销售，所以说蕴含着浓郁艺术性的包装影响和提高了商品的市场效益。

第三节　包装设计的功能与分类

一、包装设计的功能

通过对包装的解释和定义的分析，结合包装发展的历史，可以将包装的功能分为三个方面：物理功能、生理功能和心理功能。

（一）物理层面——保护功能

包装的物理功能主要体现在保护商品上，这也是包装最根本的功能。包装必须保证商品不受各种外力损伤。另外，方便运输装卸、仓储陈列、生产加工、包装废弃物的处理也是包装物理功能的重要体现。在物理功能方面，包装是包裹、捆扎、盛装物品的手段和工具，也是一种操作活动。科学、安全地保护商品是物理功能的基本要求，起到“无声卫士”的作用；经济、方便的便利功能是对物理功能的附加要求，起到“无声助手”的作用。

包装的保护功能体现在两个层面上，首先是物理保护功能，其次是化学保护性。具体来说，主要表现在以下方面：

（1）防震动、挤压、撞击：商品在运输与库存中的多次装卸搬运，如震荡、掉落、撞击、堆叠、挤压及偶然因素，容易使一些商品变形损坏以至内部变质，进而带来不利影响。

（2）防挥发或渗漏：液态的流动性，极易使其在储存、运输过程中受损，如香水、酒精的挥发性，香槟酒、啤酒的膨胀性等。

（3）防环境污染和虫害：不良环境所产生的微生物作用或虫害侵蛀、污水、污物接触等，往往会使产品发生质变，如食品、药品等。

（4）防光照辐射：紫外线、红外线或其他光照直射，会使一些药品或商品品质产生变化，使其减低效力或褪色等，如食品、饮料、化妆品、药品、胶卷等。

（5）防酸碱腐蚀：一些商品应防止接触酸碱物质及吸收一些不良气体，如某些含酸产品暴露时间过长或油性产品接触塑料用材包装，都会产生不良的影响。

（6）防过分干燥或过分潮湿：这些不利因素会影响被包装商品的品质，如食品、精密仪器等。

（7）防冷热变化：温度冷热变化不仅可以影响某些包装材料的品质，而且会直接影响到里面商品品质的好坏，如速冻食品、可加热食品等。

包装的保护功能，不仅给企业带来效益，而且也给消费者的购物与商品使用带来安全感和信赖感。如良好的保护，可以保证商品从厂家经由各种运输渠道，完好无损地到达商家和消费者手中。保护性能好的包装可以延长商品的使用寿命，让消费者长时间地安全使用商品。保护功能是包装的基本功能之一。

（二）生理层面——便利功能

包装的生理功能主要体现在对使用者的安全和便利上。包装的便利性，主要与包装材料的选择和运用、包装结构、容器造型设计的科学性密切相关。这种便利性主要体现在两方面，一方面，对于消费者而言，商品的包装给其提供了购买时携带的便利性，如有些吊挂式商品则充分利用了货架空间，不仅能展示更多的产品，也有利于消费者在购买时选择；同时，也给消费者在使用商品时带来方便，比如方便开启、方便封合及方便保存等，如易拉罐的开口设计，有扭断式、拉环式、卷开式等（图1–5）。

图1–5　包装的便利功能

有些包装设计可将单件或关联商品统一组合，配套出售，如吸塑小五金工具组合包装，将钉、螺丝、套管、锤、小刀等产品进行成套包装设计，既减少产品从工厂到消费者手中的转运次数与时间，也避免了售货员零售组装时出差错，提高了效率，方便了消费者使用，节省了消费者的时间。还有些包装设计将一起使用的产品进行成套设计，也是为了方便消费者，如洗浴用品成套包装设计。

便利处理主要指在包装材料的选用上，应该考虑包装在使用后的处理问题。具有重复使用的功能或是能够回收再生、便于降解的包装，有利于环境保护和节省资源，更有利于社会的可持续发展。因此，应建立正确的生态观，做环境的保护使者而不是垃圾的制造者。

另一方面，对企业和销售部门而言，合理的包装设计，为包装的生产带来便利，比如所选包装材料的多种成型工艺，大大降低了包装的成本。再比如打孔、挂钩等细节的设计，给商品陈列提供了多种选择，有利于企业选择更多的销售形式。便利功能是包装的基本功能之一。对储存与运输有关的因素也应考虑全面，如标志的识别性；规格的统一性；尺寸的合理性；空间占据量；搬运、移动、堆叠、集合堆存的合理性等。

包装的生理功能还体现在商品的易辨识性和品牌的易记忆性方面。在包装中运用的色彩、主题和中心文字，可以使商品更加醒目、容易脱颖而出。一个好的包装作品应该以“人”为本，站在消费者的角度考虑，这样会拉近商品与消费者的距离，增加消费者与企业之间的沟通。生理功能也属于产品的基本要求。

（三）心理层面——促销功能

在满足产品的基本要求之后，包装的重要性更多地体现在心理功能上。

随着物质生活的丰富，商品种类越来越多，商品同质化越来越明显，从而导致了日趋激烈的品牌竞争。消费者面对柜台上琳琅满目的商品，购买决策的影响因素逐渐感性化，于是，作为产品外衣的包装对消费决策的影响日益升级。要想让产品从琳琅满目的货架中跳出，包装不仅要给产品一件既安全又漂亮的外衣，更需要给予消费者视觉愉悦以及超值的心理感受，才能达到“包装是沉默的商品推销员”的目标。一件设计独特的商品包装，以其准确的定位、科学合理的结构、新颖的构图、动人的形象、简明的色彩，足以激发起消费者的购买欲甚至促成购买行为。促销功能是包装的延伸功能之一。

包装的心理功能还体现在对企业文化形象、产品品牌内涵的增强上，反映企业精神和文化精髓。企业通过包装与消费者之间进行信息沟通，包装中的文字，给消费者客观地传达了商品的基本信息；包装中的图形，对商品的外形或特性进行了形象而直观的传达，这些都让消费者对所购买的产品有了明确的认识。包装的传播功能是包装的延伸功能之一。包装设计的形式具有多样性、复杂性与交叉性，一般情况下包装设计分类不尽相同。随着商品经济的发展，包装将不仅仅是一个漂亮的容器，而是一种新的文化趋向。

（四）审美层面——装饰功能

产品的包装还应具有艺术上的欣赏功能，如著名的迪奥香水的包装设计，香水瓶身的每一个细节都是精心打造，这不仅仅是一件商品的包装，更是一件精美的艺术品。

虽然包装的基本功能是装载、保护商品，但就像衣服对人类而言早已不只是包裹身体的保暖工具一样，但在商品经济高度发展、产品同质化的今天，包装更多地承担起了赋予商品不同角色、个性以及身份的功能。俗话说“佛要金装，人要衣装”，我们在不同的场合环境需要有不同的衣服装扮，不同的服饰风格也同时体现了个人风格和品位。对商品而言，包装就是产品的“衣装”，“着装”得体才能获得消费者的青睐，赢得更多的市场。

在日常生活中，我们有休闲装、便装、正装、礼服和制服以适应不同的活动场合。作为产品外衣的包装也一样，尽管产品不变，但不同的销售模式，或者不同的市场定位都会要求产品要有相适应的包装。

同一品牌下不同系列的产品，其包装往往也不同，甚至可以风格迥异。一方面当然是为了便于不同系列产品的识别，但更重要的是辅助强化并传递产品个性风格的信息。摩托罗拉是著名的手机品牌，旗下拥有众多市场定位不同的手机系列。从其手机本身的造型设计来看，或者动感新潮，或者时尚性感，或者艺术前卫，或者商务经典。当这些个性十足的手机进入市场的时候，它们就需要不同地适合各自风格的包装来帮助它们强化各自的风格特点，以便在目标消费群中引起心理上的认同，产生归属感，从而赢得消费市场。

当一个公司或者一个品牌旗下所有的产品都是以公司或品牌的形象理念为价值核心的时候，就需要给这些产品穿上“制服”，通过视觉统一来达到强化品牌概念的目的。一旦穿上了制服，就会被打上职业的标记，其个性反而会被遗忘。这就像是穿上了军装的人就是个军人，以至于这个人本身反而被淡化一样。任何产品，只要穿上了“制服”，它所代表宣传的就是这个品牌的个性形象，产品本身的个性特征反而变得无关紧要了。

（五）教育层面——寓教于乐功能

包装形象的视觉设计，能使消费者熟悉商品，增强对商品品牌的记忆与好感，储存对生产商品企业的信任度，也能使消费者在接受商品信息的同时，得到精神上的享受，受到启迪性的教育。所以包装不仅有物质性、经济性，还具有精神性、教育性功能，能培养人们高尚的情操与欣赏趣味，引导人们更加热爱生活。另外，有些带有趣味性、卡通性的儿童商品包装，它的图形设计，能给儿童带来一定的娱乐性，使他们在接受信息的同时，又得到一定的享受。如七巧板形式的包装，能让儿童在享受完商品后，又可用来做智力游戏，既有一定的实用价值，又有一定的娱乐性。

二、包装设计的分类

包装（Package）作为保护、装饰商品的容器、材料的总称，为便于运输、贮存和销售，大体上可以分为小包装、中包装、大包装。

（1）小包装。小包装又称为内包装，也叫商业包装，是指直接与产品接触的包装。大体可分为食品包装、电子产品包装、五金用品包装、化妆品包装、玩具包装、医药包装、礼品包装等几大类。如香水、酒类的包装瓶，饮料、点心、饼干的包装盒，瓜子、花生等小食品的包装袋，等等。小包装的材料选择很重要，一定要选择稳定性和安全性都好的材料。最常用的有玻璃瓶、陶瓷瓶、纸包装袋及复合材料等。小包装是宣传产品和包装装潢的主要对象（图1–7）。

（2）中包装。中包装指内包装的外层包装，是以数个单个产品小包装为一组，形成大于原产品的包装组合。这些包装一般都是以3个、6个、8个、10个为一组，有的是12个或者24个为一组，如八连杯的奶制品包装、一套茶具的组合包装等（图1–8）。

图1–7　小包装

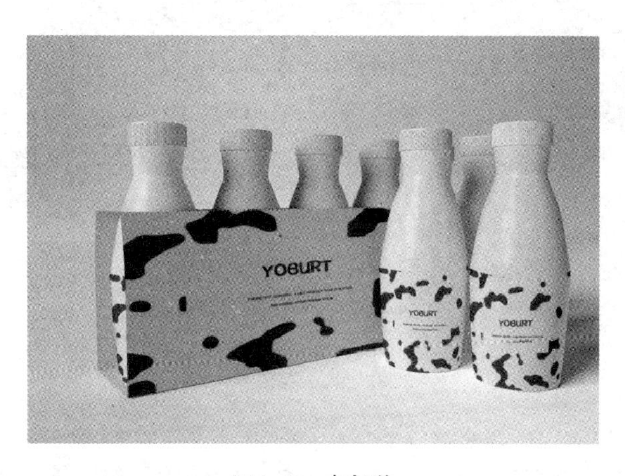

图1–8　中包装

这种中包装首先要能保护商品，其次要能便于销售、运输、储存。中包装上也要有完整的包装标识。要把包装标志说清楚，简明扼要地表达产品的主要性能和特征。在设计中包装时要注意避免过度包装，可以从三方面控制过度包装。第一，应该注意的是中包装费用与内装物价值的比例，一般来说，中包装费用应低于商品售价的3%~6%。第二，注意中包装空间的有效利用率。一般而言，中包装中用于商品以外的空间容积不宜过大，一般不超过总包装空间的20%。第三，中包装在选择材料和包装造型设计时要有环保意识，所选材料要便于回收、再生利用和处理，以减少环境污染。

内包装和中包装一般合称为销售包装。

（3）大包装。大包装也称外包装、运输包装。由于外包装只用于运输过程中，因此，更注重其保护性和容装性。大包装的设计比较简单，一般在设计时，要标明产品的型号、规格、尺寸、颜色、数量、出厂日期，再加上小心轻放、防潮、防火、堆压极限、有毒等视觉符号（图1–9）。

图1–9　大包装

产品性质分类有销售包装、储运包装、特殊用品包装等。销售包装又称商业包装，直接面向消费者，可分为内销包装、外销包装、礼品包装、经济包装等。其目的是体现商品的价值，激发消费者的购买欲望，提高销售量（图1-10）。

图1-10 销售包装

储运包装是以商品的储存或运输为目的的包装，主要在厂家与分销商、卖场之间流通，便于产品搬运与计数。其主要目的是使产品免受外力的损坏，并适应现代物流行业的需求，一般都可以重复使用。通常外观设计简洁，注重可操作性、简便性、经济性和牢固性等因素。

特殊用品包装是指军需用品包装。

按包装技术分类包括防水包装、缓冲包装、真空包装、压缩包装、通风包装等。

按包装风格分类包括传统包装（图1–11）、怀旧包装、情调包装、卡通包装等。

图1–11　传统包装

第四节　电子商务环境下的包装设计

由于电子商务营销模式的特殊性，传统的产品包装在电商平台的适应性不强，人们对包装的要求更加严格，包装的功能需求也日渐丰富，而电商包装与传统包装的差异性也较大。

一、电子商务环境下包装设计的新变化

（一）由后台走到前台，直面消费者

在电子商务环境下，由于消费者和商品厂家之间的距离非常短，各种食品通常是从购买开始就进行单件的流通，运输包装最终也是以快递的形式直接送至消费者手中。这种变化使得电商产品的运输包装既要提供传统的保护、储运等功能，又直面消费者，成为“消费体验”的重要一环，因此运输包装的合理化和人性化常常是建立该商品良好口碑的有效途径。

（二）依靠移动设备，进行有效互动

互联网对人类生产及生活产生了历史性的影响，而移动互联网影响范围的广度和深度空前巨大。现代信息技术的介入，使得电商包装设计在信息传达与品牌宣传上更加依托消费者随身携带的手机等移动设备，效果也更加显著，有效地促进了电商品牌与消费者之间的亲密互动。

二、电子商务环境下产品包装的设计要点

（一）注重安全性，符合现代物流环境

电商包装的流通环境非常复杂，任何环节的失误都可能对电商产品的安全造成威胁。因此，任何产品包装在设计时，必须将产品的保护功能放在首位。在电子商务环境下，由于消费者无法亲自感知产品包装的安全性，产生的顾虑比在实体店购买时更多。尤其是对食品类快递包装的安全性要求更高，希望包装能从更多方面凸显其安全性能。

符合现代物流环境的电商包装设计主要集中在包装的结构以及包装的材

料和技术上。规范的结构既能节省运输空间，也能避免包装在运输过程中发生磕碰，更能有效地对电商产品进行保护。此外，包装新材料不断出现，加工技术也在不断进步，为电商包装设计的创新提供了物质基础。

（二）提高重复利用率，提供特供定制

电子商务购物模式发展迅猛，各个网络平台每天都会完成数以万计的商品订单，然而这些包装大多数都在使用后就被随意丢弃，没有进行二次利用。电商包装垃圾的随意丢弃，不仅对环境造成污染，产生大量城市垃圾，而且在一定程度上增加了包装成本，给社会和企业带来压力。因此，要提高包装的重复利用率，为此可以提供特制包装。

为电商产品设计专属包装并不是绝对的整齐划一，电商产品包装设计美观因素的弱化并不代表个性化包装设计将丧失市场空间，以设计美感为主要内容的包装在高档以及定制类品牌产品中仍有很大的发挥空间，美化作为设计环节中的进步因素，在特定的产品中依然被需要。

第二章

包装设计的发展与趋势

随着生产力的提高、科学技术的进步和文化艺术的发展，人工包装经历了一个漫长的演变过程。从包装的演变中，我们可以清楚地看到人类文明发展的足迹。包装设计作为人类文明的一种文化形态，了解其发展演变对当今的包装设计工作具有重要的现实意义。本章将对包装设计的发展与趋势展开论述。

第一节　农耕时代的包装状况

一、中国农耕时代的包装状况

（一）萌芽时期

包装设计的史前时代始于私有人的需求。早在公元前8000年，人们就开始使用各种天然材料，如草和织物、树皮、树叶、贝壳、黏土陶瓷和未加工的玻璃器皿，来制作货物容器。空南瓜和动物水泡是玻璃瓶的前身，而动物皮和树叶是纸袋和塑料包装纸的先驱。

在新石器时代，即4000—10000年前的原始社会晚期，第一次大的生产分工开始出现。考古学研究表明，中国新石器时代仰韶文化由母系社会向父系社会转变，而龙山文化则经历了农业、陶瓷生产、动物养殖和工艺工业等经济生产部门的分工和显著发展。生产力的发展、社会分工和剩余产品的出现奠定了私有财产的基础。同时，由于工人技术专业化的趋势，每个工人在生产活动中生产的产品的种类和数量是不同的。工人总是倾向于从事他们有资格从事的技术生产。因此，为了满足个人需求，商品和材料的交换开始出现，这是商品贸易最主要的形式。此时，包装最重要的功能是保护产品的完整性。

陶器的发明在一定程度上是人类文明发展的产物，也是人类社会发展史上具有划时代意义的里程碑。原始农业的持续发展为人类提供了相对可靠、稳定和可食用的谷物。与野生动物肉不同的是，谷物是淀粉的颗粒状物质，因此很容易在火上烧烤，剩下的食物必须储存起来。因此，随着农业经济的发展和稳定生活的需要，祖先烹饪、持有和储存食物和水收集器具的需求变得越来越迫切。陶瓷一出现，就成了早期祖先的主要生活必需品。它可以取水、储水和喝水。它还可以烧开水、烘烤和储存食物。它极大地改善了人类的生活条件，实现了人类生活的质的飞跃，开启了人类发展史上的新纪元。

（二）成长时期

随着生产力的不断提高和生产资料的不断丰富，越来越多的剩余产品逐渐进入初级流通领域，简单的物资交换被代表商品价值的货币贸易所取代。随着市场竞争的不断发展和进步，为了吸引消费者的兴趣和销售商品，必须在市场上展示产品。此时，包装功能不再仅仅是以前的保护功能，而是逐渐起到传递产品信息、促进产品销售的作用。

世界上第一份纸张大约在公元105年在中国诞生。汉武帝时期的宫廷官员蔡伦是第一个发明造纸术的人。西汉时期，人们不仅用纸写字，还把纸用作墙纸、卫生纸、餐巾和包装材料。在接下来的1500年里，造纸技术不断演变和发展，首先在越南、朝鲜、日本和其他国家，然后在公元751年左右在阿拉伯地区，并继续向西传播，然后进入欧洲国家。17世纪，造纸技术传到了美洲。

在漫长的封建社会中，中国的手工艺逐渐发展，商业活动十分繁荣。此外，陆上和海上“丝绸之路”和“茶马古道”的发展为中国和西方世界之间的贸易创造了一个平台。因此，包装在这些原材料的销售活动中扮演着越来越重要的角色。

印刷最初来自中国。公元前305年，中国发明了世界上第一批木印板，而移动式黏土板是在宋仁宗庆历年间（1041—1048）发明的。

北宋时期，商品种类增多，各种集市相继出现。许多农副产品和工艺产品开始转向市场，成为重要的原材料。公司更注重商品的包装和广告宣传。

在中国历史博物馆里，有一则宋代“济南刘家功夫针店”的印刷广告。这是中国现存的第一个广告，也是一个完整的包装纸。广告是用四平方英寸的铜板印刷的，中间有一个拿着铁杵和药物捣固的白兔插图，它的功能相当于今天的品牌。在图像的左右两侧写着“认出门前的白兔”，以提醒人们认出白兔的标记。在底部，有一些关于商品和销售的解释性文字：“收买上等钢条，造功夫细针，不误宅院使用；转卖兴贩，别有加饶，请记白。”通过本包装纸的例子，我们可以找到包装设计所需的许多元素，如品牌、商品名称、插图、广告语言、产品原材料信息、质量、使用效果和优惠措施等。

另一个例子是北宋画家张择端的《清明上河图》，生动地反映了开封繁荣的贸易景象。城里商店很多，生意兴隆，早市和夜市日夜相连，餐馆和茶馆杂乱无章。在绘画中，我们还可以找到各种各样的包装，或装订形状，或内外多层形状和材料，还有很多种类，包括亚麻、竹子、木材、纸张、皮革等。

明朝中后期，扬州贸易十分繁荣，但沿海地区外贸口岸的进出口货物包装大多由外商设计。清朝包装艺术不断升华，它不仅在包装产品的准备上，而且在结合自身的材料、造型、结构、装饰等因素上，已经成为一种独立而精湛的工艺。例如，在清朝乾隆年间，盛装玉玩的“黑漆描金‘一统车书’玉玩套装匣”，由若干层匣叠成一个大箱子，每层盒子都有一个可以抽拉的内胆，内胆根据玉器游戏的形状雕刻成一个凹面，这样内置的玉器就可以完美地放在里面。上面覆盖着丝绸，根据零件的图纸，在丝绸上绘有玉石游戏的形状和名称。这个套装盒不仅携带后易于打开和固定物品的原始位置，而且结构巧妙，盛装精美，可以认为是一种独立的工艺盒。许多文具和娱乐包装已与包装商品融为一体，难以分离，如砚盒、墨盒、印盒、笔盒等。

二、西方农耕时代的包装状况

（一）资本主义社会的发展

早在中世纪，中国、罗马和中东的第一批贸易公司就开始以利润为目的分销商品。由于人们经常在世界各地旅行，货物也被运输到其他地方，因此迫切需要有大量能够装货物的集装箱。公元330年的香料贸易、公元500年喝咖啡的趋势，以及公元800年不断增长的葡萄酒业都表明，在这些早期社会经济中，商品不仅在邻居之间共享和交换，而且还由商人从一个村庄带到另一个村庄，甚至更远的地方。丝绸之路允许人们将货物从欧亚大陆的一端运输到另一端。在这些贸易路线的交汇处，不同的文化和宗教融合在一起，各种贸易商品必须打包。

到公元前750年，陶瓶和坛罐已被广泛使用。经验丰富的工匠还手工制作了各种陶器和其他装饰容器，以盛装香水和油膏。世界上不同的文明都见证了不同的宗教和经济力量多次为统治权而战。以十字军东征（1096—1291）为例，士兵们把香水、香料和其他新物品带到了西方，这刺激了贸易的发展。因此，人们需要更多种类的包装来容纳和保护产品，由商业原料制成的包装逐渐取代了各种天然容器。

（二）印刷技术的推动

在古代，人们通过图像在视觉上区分各种产品。今天，我们所知道的包装业就是从这里开始的。苏美尔符号，或象形文字，已经将人们的交流从口头语言演变为书面语言，因此各种信息都可以多年保存下来。

随着书面交流的诞生，适合写作的材料应运而生。从公元前500年到公元前170年，用于甘蔗制成的纸莎草卷和羊皮纸逐渐发展成为第一批便携式书写材料。

1200年，在波希米亚，镀锡印刷板（即作为印刷材料的镀锡薄板）诞生了，所以整个欧洲都建立了印刷业。1450年左右，约翰·古腾堡发明了印刷术，引发了大众传播的一场革命。

（三）视觉传达的开端

从中世纪到现代世界的文艺复兴，图形的概念逐渐形成。随着书籍设计的发展，各种优美的版式、插图、装饰和页面布局也随之发展，并被引入视觉传达的其他领域。

16世纪中叶，第一批德国纸张制造商开始在其产品的包装纸上印上制造商的名字，各种装饰图案印在包装纸上，这成为推广纸制品的一种手段。这些包装纸是包装设计的第一批记录。在建筑物两侧发布公告牌和“大字”以发布法律法规的做法是广告的原始形式。后来，广告成为展示最初包装设计的一种手段。在早期的英国报纸上，卖家展示他们的产品，比如印有标签的药瓶和有图案的卷烟纸，以通知公众或“做广告”。

人们需要通过图形来传递信息，于是不同的设计领域应运而生，并与日常生活的物质需求相融合。随着商品价格的降低和品种的日益丰富，贸易已实现稳定增长，因此有必要扩大包装的种类，以提供更好的商品保护和储存服务。本质上，这种实体容器或包装与内生产品书面广告相结合的形式是当前包装设计的基础。

第二节　工业革命时代的包装设计

一、工业化的社会背景

18世纪，欧洲经历了贸易的快速扩张、城市的快速发展以及社会财富从富人流向工人阶级的过程，工人阶级的财富分布更加广泛和均匀。各种技术改进也大大缩短了生产周期，以适应不断增长的人口。大规模生产使人们能够以较低的价格购买各种商品。

越来越多的中产阶级特别关心健康，所以他们家里有两个独立的空间：厕所和浴室。因此，个人护理产品的市场已经扩大，肥皂和其他浴室产品的包装设计反映了这些新兴产品的“奢侈品”。设计包装的各种产品，如瓶装啤酒和解毒剂、鼻烟壶、水果罐头、胸针、烟草、茶和香粉，都具有澄清生产者身份和宣传产品用途的功能。

盾徽是最初包装设计中常见的形象元素，目前仍在包装设计中使用，尤其是在啤酒和白葡萄酒产品中，以给人一种经典的纯净感、高贵的优雅感和信任感。第一个包装设计显然是为上层阶级的富裕社会设计的。

19世纪，欧洲和美国的人口开始增长。当时，木箱和黄麻袋被广泛用作包装材料。随着人们对消费品的需求开始增长，锡、玻璃和纸袋得到了发展，并成为重要的包装材料。在这一时期，产品、包装材料和设计之间的相互依赖达到了前所未有的水平。在消费者眼中，这种纽带正在逐渐形成：产品和包装被视为一体。注册商标产品体系逐步建立：如亨氏、象牙、雀巢积极致力于提高产品对公众的吸引力，通过广告成为世界知名品牌。当产品的包装设计出现在报纸、广告目录、广告牌和海报的广告中时。这种通过图像进行广告的形式对包装设计的发展产生了深远的影响。

1817年，在中国发明造纸术1000多年后，世界上第一个商业纸箱在英国生产，并在19世纪末形成了革命性的发展。纸板作为包装材料始于19世纪。1839年，纸板包装的商业化生产开始了，在接下来的10年里，纸箱被生产出来，专门设计用于一个接一个地与各种产品合作。1870年，瓦楞纸被发明为一种更强的包装辅助材料，用于同时运输各种物品。随着专业化生产设备的不断发展，各生产厂家之间的竞争也日趋激烈，降低生产成本。1895年出现了软管包装的牙膏；1897年，饼干首次用纸箱包装；1927年，PVC被引入包装行业，此后包装材料发生了根本性变化，应用范围越来越广。纸、塑料、金属和玻璃逐渐成为包装材料的四大支柱。

1900年左右，纸箱开始取代自产纸箱和用于商业交易的木箱，这也是我们现在所说的谷物包装箱的起源。20世纪50年代，美国和英国的纸板生产和锡罐加工业取得了显著的发展。随着贸易的不断扩大，机械设备不仅应该能够生产纸箱，还应该能够称量、填充和密封产品。

1906年，美国《纯净食品和药品法》禁止商家使用虚假或误导性的产品标签，这是管理包装设计的首批法律规定之一。1913年增加的《古尔德修正案》要求在包装上标明食品的净含量。《修正案》规定，如果外包装没有明确说明所含产品的数量，如重量、尺寸或单位数量，则包装为假包装。

19世纪中后期，商业包装设计也开始在中国出现。泰和五龙牌火柴彩印包装由广东桥明火柴厂于1879年生产，带有慈禧太后形象的印刷火柴包装和1894年的平钓鱼图案，以及南洋兄弟烟草公司1905年生产的白鹤牌香烟包装，都是中国现代包装设计的写照。精致的包装设计在销售过程中起着重要的作用，它直接刺激着包装商品的快速发展，使现代包装不仅成为销售手段，而且成为市场竞争的有力武器。

1910年，世界上第一家铝厂在瑞士开业，随后铝材料的出现使制造商能够更有效地储存药物和其他易受空气污染的产品，如烟草和巧克力。20世纪20年代初，玻璃纸的发明标志着塑料时代的到来。从那时起，每10年就会出现一种新型塑料。如今，各种塑料制品都有不同的配方和形状，成为产品生产和包装生产领域应用最广泛的材料之一。

二、包装设计作为产业的成熟发展

随着包装材料种类的扩大，包装设计的思维和设计理念也发生了重大变化。由于原材料经济的发展和市场交易的扩大，西方世界的包装设计已经改变了货物简单储存的静态特征，原材料包装作为一种销售手段，历史上被赋予了新的使命。1930年，由于全球经济衰退，人们的消费意愿下降：为了促进销售，制造商开始关注包装的设计和研究，希望通过改变包装和广告形式来促进商品的销售，加强包装功能，提高商品附加值。

20世纪30年代初，包装业发展成为一个成熟的行业。各种出版物为供应商、设计师和客户提供该领域的最新信息。例如,《现代包装》（1927年推出）和《包装报告》（成立于1930年）显示了这一新兴行业的复杂特征，即消费品公司必须与包装设计和广告、包装材料制造商和制造商的精英密切合作。在生产过程中扮演各种角色的打印机和其他人员。

广告公司已经开始提供包装设计服务。对于雅芳（Avon）等一些消费品公司来说，包装设计的需求非常强烈，因此有必要雇佣一批设计师作为公司的正式员工。尽管外观至关重要，但考虑到安全、方便和生产成本以及材料的选择是推动创造性工作的关键因素。这种工作方法建立在包装设计发展的早期阶段。

第二次世界大战对包装设计产生了许多深远的影响，其中之一就是超市和包装食品的迅速发展。过去，当地员工对产品进行称重和包装，后来包装产品独立存在于这个新市场。过去，消费者必须依靠食品来保证产品的声誉；随后，这种依赖性逐渐减弱，这也极大地改变了市场的运作方式。尽管此时许多商品仍在批量销售，但在美国，大规模销售模式使产品以独立包装的形式销售。

20世纪40年代中期，冷冻食品的包装得到了改进。在战时配给制度之后，蔬菜和鱼制品仍然被视为奢侈品，并被引入冷冻食品领域。锡、钢和铝是当时生产包装罐的主要材料。铝罐和喷雾罐已取代重型钢罐，成为液体、泡沫产品、粉末产品、脂肪产品分销和销售的经济包装。饮料罐最早于20世纪30年代中期在美国上市。

40年代末，随着自助销售店的增多，包装设计必须很快得到顾客的认可，因此，当时的产品包装也被称为“无声卖家”。然而，没有卖家，就无法为特定商品做广告。因此，包装设计已进一步发展成为一个更具活力的工业领域，其目的是使消费品对公众更具吸引力，并使品牌意识成为产品推广过程中不可或缺的一部分。这个新兴市场领域充满了竞争，包装设计的责任是推广一个品牌，并允许包装在零售货架上占据显著位置。结果，食品生产商变成了食品销售商，在品牌管理、产品营销、广告和包装设计方面出现了大量咨询机构。

20世纪60年代，包装设计行业在许多方面取得了巨大进步。首先，开始保护消费者权益。1962年，肯尼迪总统向美国国会发表了历史上第一次关于消费者权利的总统讲话。肯尼迪在这次演讲中表示，政府必须保护消费者在产品安全性能、产品信息、产品选择、产品新鲜度、便利性和吸引力方面的权益。

其次，美国航天科技的杰出成就也推动了包装材料和包装技术的不断发展。由管状包装、冻干粉、挤压铝管和铝箔包装制成的饮料包装已经开发出来，为产品提供更好的保护、更长的保质期和更方便的使用。

此外，印刷技术的巨大进步为包装设计提供了强有力的支持，以快速传递产品形象特征。随着照相排版技术的出现，设计者可以更自由地控制字间距和行距。精美的印刷技术也成了大众欣赏的艺术形式。商人认为，大多数商品都反映了性别、社会阶层、民族等消费者群体的作用，因此对不同的消费者群体建立了独特的亲和力。例如，一些符合女性品味的精致标签无法赢得大多数蓝领工人的喜爱。卖家意识到人们有不同的品味和兴趣，不同的标签会赢得不同客户群体的青睐。因此，品牌形象是提高产品销量的关键因素。制造商迫切需要独特的销售包装，因此各种新材料和新结构应运而生。包装设计师不仅需要使现有的设计适应各种新的和流行的包装形式，还需要在各个方面满足完整的要求。

20世纪70年代，一些包装设计公司已经在国外设立了办事处。Raymond Rowe设计办公室随后为Maxwell、Heinz、桂格燕麦片、象牙肥皂和其他品牌和产品从事包装设计。包装设计已经成为明确表达制造商营销策略的一种方式，而不仅仅是之前设想的容器和广告牌。

20世纪80年代，大型购物中心和超市发展壮大，进一步刺激了对产品的需求。大型超市扩大了食品经营规模，从而为顾客提供各种预先烹制的外卖食品。超市内开设的多家专卖店，促进了包装设计向新的方向发展，也扩大了商家对产品销售和展示系统的需求。在这个竞争激烈的时期，超市销售的产品更多地依靠包装设计来获得成功。

几个保护包装设计师利益的设计协会扩大了他们的网络联系，致力于提高公众对该行业的了解，促进设计专业人士之间的交流。包装设计委员会（美国）、设计委员会（英国）、日本包装设计协会、泰国包装协会、世界包装协会等组织的成员已在其他国家和世界各地得到公众的认可。

此外，在20世纪80年代初，包装设计回收的概念诞生了。在政府和各种非政府组织的努力下，一种强调可持续发展的“绿色主义”新概念应运而生，成为20世纪90年代乃至21世纪包装设计的新方向。

20世纪90年代，同一制造商生产的各种产品通常通过统一的品牌营销渠道销售，因此制造商了解包装工程师加入产品研发团队和包装设计师加入营销团队的必要性。客户对产品的便利性和功能价值的需求在材料研发和营销过程的许多方面起着主导作用。空间保护、回收利用和环境问题等考虑因素正变得越来越重要，反映出消费者价值观的变化。汽水开启装置可以从拉环切换到易开启的顶部，玻璃材料被塑料取代，这减轻了消费者对包装损坏隐患的担忧。纸板上的层压板和特殊涂层材料为包装设计师提供了新的设计空间。

不同公司正式重新设计产品包装，以实现更直接的广告效果，因此包装设计师的就业机会突然增加。包装设计传达的产品信息必须能够立即吸引消费者的注意，并让他们更快地做出购买决定。

第三节　互联网时代的包装设计

一、互联网时代的包装设计的特征

随着包装遵循商业市场的秩序和规则，加工和生产方式不断发展。在现代贸易和科学技术的影响下，包装不再局限于方便保护和运输等基本功能，而是一次又一次地扩展：它可以是产品手册、目标产品质量的变化、新的广告载体，甚至是产品本身。通过运输、网络的快速发展和成熟的销售商业模式，包装已经成为现代社会商品和商业活动的重要载体。

为了吸引消费者的注意力，目前的产品包装和外观形式多种多样，要么时尚，要么简单，要么多彩，要么简单而充满活力，以便在多元化的消费市场中树立自己的独家形象，从激烈的消费市场竞争中脱颖而出，从而促进产品的销售。无论包装使用何种材料和表达方式，都必须反映公司形象的标志，每种包装都必须反映其产品的标志和品牌价值。

相关研究表明，“80后”已经成长为市场消费的主要群体之一。这些人从小就不熟悉电脑和互联网。目前，他们处于快速的生活和工作状态，对消费者质量有很高的要求。消费品和消费模式需要方便、简单、定制和人性化。互联网可以为人们的消费行为提供更便捷的网络平台，使网上购物流行起来。各种网络展示环境和快递包装层出不穷，包装原有的物理展示空间逐渐被数字网络平台侵蚀。在这种趋势下，包装不仅优化了现有功能，还增加了其他附加值，如绿色包装、无障碍包装和定制包装，以满足市场需求。

目前，在线电子商务的增加导致了商业销售模式之间关系的重大变化，商业产品的包装也有了更大的内涵。互联网时代的包装打破了传统包装的界限，不断整合设计价值与经济属性之间的关系。通过包装设计提高产品附加值，追求多样化、定制化、可视化已成为一种重要趋势。

与传统包装相比，网络包装有着明显的区别。其中，最直观的体现就是包装设计思维关系的变化。首先，在数字信息时代，云计算、物联网、大数据不断更新设计思维和设计表达的概念。包装设计的包容性思维与网络思维在设计体系中相互作用，呈现出独特的特点。在这个阶段，包装设计师应该以互联网的思维为指导，深刻理解包容性包装设计的概念。包装设计的高迭代速度和包装设计的高迭代成本使包装设计速度变慢。由于网络数据的及时性，互联网时代的包装设计具有设计不断更新和迭代的优势，其背后的逻辑是不断研究用户的需求和偏好，以不断优化包装设计。最后是包装设计控制的变化。传统的包装设计相当于完成印刷和生产后设计报告的结尾。这种包装很难通过特定的销售情况获得设计反馈。其包装设计声称依靠设计师的专业经验和个人审美控制，这往往与市场需求不符。互联网时代的包装设计以其多样性、便捷性和即时的技术支持，可以摆脱传统包装设计的束缚，为设计师提供更真实有效的设计支持。

二、好的包装体验

包装最重要的功能是保护，即保护产品在运输过程中免受污染和损坏。品牌与消费者之间应建立情感沟通渠道。如果我们能在包装中设计和考虑这些因素，我们就能与消费者建立共同的价值观。

好的包装体验是什么？在传统销售渠道领域，良好的包装意味着可以在琳琅满目的货架上一定能被消费者发现。它是可以被找到的。它对消费者传递的卖点非常明确，在使用过程中要有良好的体验。现在是一个生产过剩的时代，一家典型的超市大约有45000种商品，但消费者的平均购物时间只有半小时左右。有这么多选择，你会选择什么商品？这就要求品牌与消费者建立沟通。你的产品应该是显而易见的，能快速找到，有明确的价值，并给消费者带来愉悦感。

因此，好的包装设计就是与消费者沟通。我们必须在最短的时间内完成消费者购买行为从感性到理性的过程。包装也是企业对消费者最好的广告。

三、从大数据了解消费者

如今，许多购物都处于O2O模式，在线下订单，线下提货或者送货上门。移动互联网更新了品牌和产品的流动路径。因此，我们还将分析消费者的各种搜索和购买参数，以了解他们的购物兴趣和获取信息的方式。

这为消费者提供了一种全新且良好的体验。此外，百度的搜索也与当前的包装产品非常相关。例如通过大数据分析，我们可以探索水果的糖和营养成分。

体验为社交添加了动力，现在的人喜欢在微信里发分享和点赞，其实就是在找一种存在感，其次是找价值感，找身份感，大家都在找“我”。在社交平台的分享都是以“我”为主，可口可乐在做产品时，就放上了各种各样的名字，好像是在和消费者沟通一样，让消费者感觉好像在喝自己的饮料一样。

还有就是将一些特别热门的网络词语印在产品上，刺激消费者去购买。通过这样的设计使消费者产生共同的情感认同，从而达到销售的增量。

总之，运用互联网思维与设计思维设计出有价值感、富有情感与幸福感的产品，也才会创造出激动人心的消费者产品体验！

第四节　人工智能时代的包装设计

在这个知识大爆发的时代，新技术改变了人们的生活与消费习惯，继而威胁到了传统的商业行销手段，甚至撼动了工业革命为我们带来的工业化生产模式。

一、AI包装设计智能时代

2022年，浙江省北大信息技术高等研究院（以下简称“北大信研院”）就智能印前传感系统的研发达成了友好合作——人工智能包装设计。双方将结合各自在包装领域的技术资源优势，通过强有力的合作，共同开展创新技术研发，为中国印前领域的智能化发展作出贡献。

（一）合作双方介绍

浙江省北大信息技术高等研究院是北京大学与浙江省联合共建的民办非企业单位，成立于2018年4月，坐落于浙江省杭州市。研究院聚焦未来信息经济领域核心技术的研究与转化，重点发展人工智能、未来视听、未来软件、智能制造、物联网、智慧医疗、智慧城市等未来信息经济领域核心技术，致力于建设具有国际影响力、领军世界信息经济发展的信息技术研发智库机构，打造创新水平与国际同步、研发活动与国际融合、体制机制与国际接轨的现代产业科技创新基地。

北大信研院人工智能包装设计联合实验室是浙江大胜达包装股份有限公司和北大信研院联合成立的以科技赋能纸包装行业为使命的科研团队，联合实验室充分吸收和分析大胜达三十多年来的行业经验和纸包装企业领军企业优势，依托北京大学信息技术高等研究院的科研优势，目前已落地AI包装设计师小方、纸包装供应链平台、纸包装工业互联网平台、商探、蜂鸟采标等产品。

方正璞华信息技术有限公司是一家主要在中日两国开展IT业务的高科技公司，本着“科技顶天、市场立地”的经营方针，精耕云计算、大数据、人工智能等前沿技术，精耕包装排版、智能制造、采购供应链等行业，通过云服务让每一家企业享受到最佳实惠。

方正璞华在包装印前领域继承了原方正集团王选团队优良的技术与产品，拥有多年的核心技术积累，以及10多年的产品研发经验，拥有印前处理软件方正锐利（Illustrator插件）、图像处理软件方正锐图（Photoshop插件），以及印前自动化流程系统，这些产品在中国、日本、美国、欧洲等国家和地区拥有很强的影响力和良好口碑。

本次合作将充分发挥方正璞华和北大信研院各自的优势，共同研发AI包装设计智能印前检测系统，共同开展创新技术研开，为今后的长远发展奠定基础。

（二）锐利简介

方正锐利是方正璞华基于印前行业三十多年的技术和经验开发的一款包装印前处理软件，提供陷印、拼大版、预览、智能标记、预飞、工具箱、导出图像、搜索器、油墨编辑、曲线调整、模拟套印不准、导入标准PDF、条形码、TIFF输出、无缝拼版、弯曲变形、挂网、可变数据印刷等印前处理功能，使包装印前操作人员快速、便捷地完成印前处理工作，确保设计稿能最终满足印刷标准。方正锐利在凹印、胶印、柔印、印铁制罐及丝网印刷等印前制版领域拥有大量成功应用案例，可以广泛用于包装、标签、商业印刷等各个领域，已与柯达、网屏、爱克发、海德堡、艾司科等主流厂商的CTP及流程软件成功配合使用，帮助用户提升印前处理效能。

方正锐利是世界上为数不多的印前处理软件之一，也是少有的国产印前处理软件。总是紧跟时代脉搏，结合国内外的客户需求，不断对产品进行迭代升级，2021年6月份、12月份分别进行版本升级。2022年将重磅推出12.0版本。

（三）硬核技术

作为国产技术的典型代表之一，方正锐利拥有领先的自动陷印技术、自动拼板技术、图像处理技术等多项硬核技术，这些技术让方正锐利能够在世界上始终处于前列，也让用户能够获得极致的体验。

（1）适用于多种印刷制版工艺的高精度自动陷印技术。涉及的关键技术包括高精度大规模几何图形算法、印刷色彩学与视觉感知算法、色彩和区域拓扑关系的智能分析算法等。

（2）包装盒型自动拼版与布局技术。包含三项首创发明：将包装盒型拼版与包装设计集成的技术、包装盒型拼版的蒙板调节和出血控制技术、最优化利用印刷材料面积的盒型自动插拼技术。

（3）核心图像处理技术。包括色彩分析与增强、内容拆解与图像分割、高质量图像缩放、栅格文字粗细调整技术等。

方正锐利拥有50多种关键核心专利，支持在印前领域完全自主可控发展。

（1）一种包装拼版出血限制的方法及系统。

（2）一种自动陷印的方法及系统。

（3）一种颜色渐变属性的编辑方法。

（4）一种图像陷印的方法。

（5）一种渐变让色陷印的方法及系统。

（6）一种陷印前色块除噪的方法。

（7）一种挂网图像边界位置平滑的方法及装置。

（8）一种陷印效果自动对比的方法及系统。

（9）一种陷印前的预处理方法及系统。

（10）一种去除挂网图像锯齿的方法及装置。

（11）一种调整拼版对象出血线的方法及系统。

（12）一种陷印区域预览的方法及系统。

……

此前，方正璞华已与多家企业和科研机构达成战略合作。包装行业正处于剧烈变化的时代，日新月异的技术革新与跨界融合为产业带来了新的动力。此次方正璞华与北大信研院的合作将为包装行业的发展添砖加瓦，并给业界起到良好的示范作用，给用户带来更大的价值。

二、北大信研院人工智能包装设计平台亮相物博会

2021年世界物联网博览会在无锡太湖国际博览中心举行。北京大学信息技术高等研究院人工智能包装设计平台亮相博览会新技术新产品新应用成果

发布会，并入选年度物联网创新基础设施项目。

作为物联网创新基础设施项目之一，人工智能包装设计平台由北大信研院人工智能包装设计联合实验室研发。该平台为包装设计行业提供从设计到生产全流程解决方案，以让包装设计更简单为目标，利用浙江大胜达包装股份有限公司在包装行业的领军优势和行业经验，结合北大信研院的科研实力，以智能包装设计为核心，实现了包装设计智能排版、包装设计智能配色、一键生成包装设计方案、印前检测、配材推荐、工厂推荐等智能化服务，引领“人工智能+设计发展”前沿。

“传统的包装设计流程烦琐，因包装设计和物流运输而浪费的产品已达到上千亿元，通过数字赋能包装行业，有利于提高设计和生产效率，减少资源浪费。”据该实验室相关负责人介绍。如今，该平台推动纸包装设计时长从3~5天缩短至3~5分钟；印刷智能校对工具印刷勘误效率提升80%以上；工厂订单逾期交付率同比下降10.2%。该平台的利用，正在不断改变着包装行业的运维模式。

据悉，2021年世界物联网博览会以“智联万物、数领未来”为主题，以“高端化、国际化、专业化”为特色，全力打造物联网领域国际交流合作平台、行业趋势发布平台、技术展示交易平台、产业发展投资平台、高端人才集聚平台，全面构筑一个碰撞思想、创新体验、深化合作的开放式空间。

本届物博会共面向全球征集物联网各相关领域项目成果1780项，涵盖18个国家和地区的众多头部企业、行业科研机构，评选出金奖项目和专项榜单50项，均代表了物联网领域的前沿成果。

此外，3D打印技术突破了原有印刷技术平面化的局限，将印刷技术与材料进行合并和统一，除此之外，还突破了批量化规格生产的局限；数字化程序及代码取代了之前所谓的设计原稿，产品输出不再受地域和气候的影响等。这些全新的技术领域我们之前未曾触及，也无相应的历史借鉴，但是依托这些技术所出现的新产品对包装设计提出了新要求，同时也为包装拓展了一片新的发展空间。大家不难发现，互联网的普及和人工智能的出现，使包装的形态和陈列环境发生了变化，包装的功能被进一步拓展甚至改变，或许这将成为包装领域的一次重大变革。

第五节　包装设计的发展趋势

随着科技的快速发展，市场竞争日益激烈，经济与资源矛盾日益突出，全球化与地域化之争从未停止，包装产业未来将何去何从？目前发展包装、保护环境、促进包装行业可持续发展、促进人与自然生态环境的和谐，已成为人类共同面临的问题，要解决这些问题，应该从以下几方面做起。

一、个性化、情趣化设计

全球化并不等同于抹去个性，如果全球包装是一样的，那将是多么无聊。现代建筑已经造成了与全球建筑相同的后果，因此我们必须保持区域设计特色，并反映一个国家的定制设计文化。费孝通的16个字箴言“各美其美，美人之美，美美与共，天下大同”处理不同文化之间的关系也适用于包装设计。日本的许多包装项目充分利用了现代包装材料和技术，添加了国家符号和大量书法，具有很强的地域特色。当然，每个公司或品牌的包装不仅要避免同质化，还要突出定制和差异化。同样出于每个人的需要，我们应该考虑到，当前流行的私人定制设计实际上是满足定制设计需求的体现。

在当今社会，尤其是年轻人和时尚人士，他们的个性化需求更加强烈。现代包装设计已逐渐从功能性和实用性发展到以整合视觉元素为重点的定制和兴趣。方向的有趣设计主要体现在两大趋势上：情感化和有趣化。有趣包装的表现形式要么优雅含蓄，要么幽默，要么天真，要么隐藏智慧。通过包装的造型、结构、色彩、图形和材料等设计语言，赋予包装以个性、趣味和生命，让消费者获得新的体验和高层次的心理需求。

二、人性化设计

设计以人为主体，重新审视、重构和重新定义人的思想、情感、个性和功能需求，使之更加人性化。例如，用户体验设计实际上是一种人性化设计。对于消费者来说，人性化的包装越来越友好。

从现代设计的角度来看，包装设计更注重人性化设计的因素。李彦祖说："什么是好的设计？在当前不断变化的技术水平、市场需求、审美情趣等条件下，很难有一个永恒的评价标准。但有一点是不变的：在设计中充分关注人，把人的价值放在第一位。"李的观点反映了设计界对人性化的关注和重视，也表明设计是人性化的设计，即满足人们的生理和心理、物质和精神需求。从这个意义上说，人性化设计和人性化设计的出现完全是由于设计的本质要求。因此，设计的人性化已成为衡量设计质量的不变标准。

三、保护环境的绿色设计

20世纪六七十年代以来，人们意识到现代生产方式严重消耗自然资源，造成污染和浪费，缺乏地域性和民族性。在绿色设计方面，包装行业出现了"3r1d设计"的趋势，即"reduce""reuse""reeycle"和"degradable"四大标准。reduce减少（轻包装）需要结束过度包装和过分包装。例如，国家现在已经采取政策，对月饼包装的各个方面进行监管，这不仅限制了高价月饼，还节约了资源。另一个例子是，康师傅矿泉水还减少了塑料瓶的厚度，以尽量减少污染。在包装方面，啤酒和酸奶包装得很好，可以大大节约资源。回收（包装材料的回收）需要回收资源，例如可以生产再生纸、可降解性（使用可降解材料）也是保护环境的有效方法。由于白色污染无法降解，因此在包装设计中应尽可能考虑可降解材料。

绿色包装主要如下措施：（1）选择无害材料。无害绿色包装材料是指使用应当严格限制铅、汞、铬等对人体有害的重金属含量的材料，并为人体和环境选择无毒、不耗竭、不稀缺的环境资源。在规划绿色包装时，尽量选择单一种类的包装材料，并使用较少的异质或复合材料。（2）生产中的节能这意味着选择简单的印刷和生产方法可以节省成本和能源。改进设计和制造方法，以减少生产中的浪费，例如使用比使用相同数据制造的类似产品更少的数据，或减少切割浪费；通过选择环保材料和改进生产方法，消除生产中的初始污染和空气污染。（3）包装结构的循环设计。这类设计是简化包装结构。简洁的结构和生动的平面规划是现代风格的包装，尝试创建节省材料和工艺步骤的包装方法。

四、电子商务的包装设计

人们越来越习惯于网上购物，为电子商务设计销售包装将成为21世纪设计师的新课题。电子商务推动了物流，物流包装也带来了许多问题，如严重的资源消耗和污染、不舒适的包装和开箱，以及运输过程中的货物损坏。由于电子商务包装主要用于物流运输，因此包装设计主要以运输包装的形式呈现。如今的电子商务包装与运输包装难以区分：功能特征与形式特征相同，这使得电子商务包装在包装形式、材料、工艺和视觉设计风格上趋于独特。为了方便运输和控制成本，电子商务包装主要以规则简单的形状为主，主要采用瓦楞纸和坚固耐用的塑料材料。

五、防伪包装的设计

“山寨”在我国已经形成了一种“氛围”，特别是在一些小城市，模仿名牌很常见。包装设计创新与印刷技术相结合，融合高科技成果，将是未来包装发展的另一个方向。包装盒由精美的特殊纸张或塑料材料经特殊工艺制成，不易复制，如烫金纸、压花纸、砂纸等防伪包装材料，防伪密封标志一次包含全息图、微印刷、荧光字符、密码等，易拉丝、防伪密封带等。

六、智能包装的设计

智能包装主要是指通过云计算、移动互联网、物联网等技术，在产品包装上使用二维码、AR增强现实（图像识别）、隐形水印、数字水印、点阵技术和RFID、电子标签，打造智能物联网大数据平台，实现产品防伪、追溯、移动营销、品牌推广等功能。未来，大量机器人将被传统的包装工人所取代，这主要体现在以下三个方面：第一，在包装行业，大量智能性较差的机器人将被取代；第二个方面涉及智能包装材料，例如，通过包装颜色可以看到食品质量信息；第三个方面是“无人超市”的实现主要与智能包装有关。

七、活性包装

“活性包装”(active packaging）是指在包装袋中添加各种气体吸收剂和释放剂，以去除多余的二氧化碳、乙烯和水蒸气，并随着时间的推移整合氧气，从而保持适当的气体环境，以便在包装袋中储存水果和蔬菜。活性材料广泛用于食品包装，因为它们可以证明食品是否安全。目前，许多公司正在对活性材料的活性包装进行广泛的研究。

此外，在当今全球食品浪费严重的情况下，活性包装可以有效减少浪费。

第三章

包装设计的视觉特征与规律

包装设计属于视觉传达设计的一种，它的信息传达与设计方法主要是基于视觉传达原理来进行的。因此，对包装设计的视觉特征与视觉传达规律进行研究显得尤为必要。包装设计是一门多学科渗透的学科，它在进行视觉表现时需要考虑到经济、心理、审美、材料、人体工程等多个方面。

第一节　包装设计的视觉特征

包装的视觉传达是包装的一个非常重要的方面，据研究表明，在人的视觉、听觉、触觉、嗅觉、味觉和神经觉这六大感觉中，其中视觉接收的信息最多，占接收总信息量的80%以上。包装的目的就是对视觉信息的最佳传达。包装视觉传达设计也正是通过视觉元素对包装造型的外表加以视觉信息的设计和装饰，以使商品在销售过程中有效地起到促销宣传和传达商品信息的作用。

一、信息特征

（一）可读性

包装视觉语言的可视性固然重要，但仅可视而不可读，那么，视觉传达的任务就没有最后完成。美国实用主义哲学家从符号自身的逻辑结构研究出发，提出“任一符号都是由媒介、指涉对象和解释这三种要素构成”。因此，包装视觉传达必然包含视觉符号的表象、指示和象征的可读性才有意义。

（二）准确性

信息传达存在于视觉符号的表现之中，包装一方面通过商品名称、标识、使用说明等向消费者传递商品的信息，另一方面通过文字、图形、色彩的设计传达出商品的属性及个性，它们是包装视觉传达设计最主要的目的。

（三）可视性

包装的视觉传达是依靠视觉信息符号来达到传达信息的，所以信息的可视性是视觉传达的基本条件。没有信息的可视性就谈不上信息的视觉传达。包装的视觉传达设计就是通过包装上的商品名称、标识、使用说明等向消费者传递商品的信息，也通过文字、图形、色彩、编排的设计传达出商品的属性及个性，这些也是包装视觉传达设计最主要的目的。企业视包装为产品的代言人，这就要求设计师利用包装把商品内含的可视和不可视的信息，用视觉语言表达出来（图3–1）。

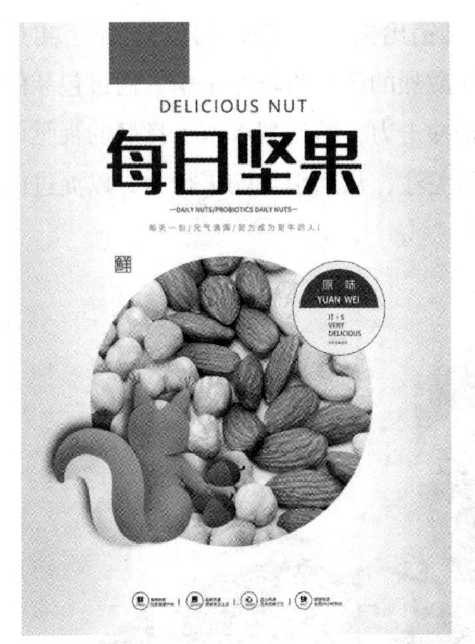

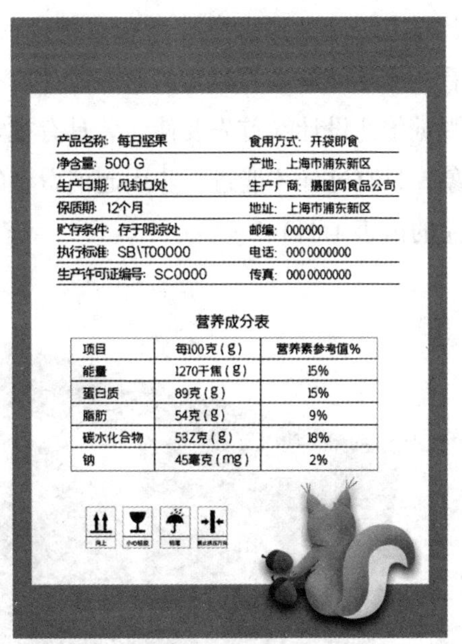

图3-1 包装设计的可视性

二、商业特征

（一）经济性

在包装活动中，每增加一种视觉元素，就意味着在生产中多使用一些材料和多一道工序，因此也必然多一份费用的投入。可以说在设计图纸上无处不见到经济因素的存在。用最少的投入，得到最多的视觉传达效果，是设计师不断研究的课题。

（二）促销性

现代包装形象的视觉设计所具有的商业价值是不可忽视的。如果一件包装没有一定的商业性，就很难把商品推销出去，即使设计得再艺术、再好看，也不能称之为成功的包装设计。在激烈的产品市场竞争中，通过包装的视觉传达设计，首先要使包装具有视觉冲击力，给消费者留下良好的视觉印象，只有这样才能进一步引起消费者的关注，从而引导购买行为，以促进商品的销售（图3-2）。

图3-2　直观形象的包装刺激人购买

（三）工艺性

产品的生产与设计，离不开材料与生产工艺这两个重要因素。而材料和工艺水平又直接影响到视觉信息的反映形式和水平。包装视觉传达设计的最后的效果实际上都是由印刷制作和工艺加工来最终实现。

三、审美特征

（一）兼具科学与艺术性

信息时代包装的视觉设计受社会经济发展和现代科学技术的影响，兼有科学性与艺术性的特点。其科学性体现在对包装材料、造型和结构进行周密的计算和检测，以符合人体工程学及印刷工艺的要求。其艺术性则通过综合运用视觉传达设计中的多项视觉要素使包装具有形式美感，真实地再现出商品的属性、映射出商品的内质，提升商品的价值，把消费者对商品简单的物质需求上升到精神情感上的需求，从而把商品的包装从基础的保护商品、美化商品转变为积极能动的促进销售商品。

（二）时尚性

每一个时代都有各自不同的时代特征，无论是生活方式，还是审美标准都有所不同。审美是人类最基本的心理特征，人们对美的需求是随着生活的进步、时代的发展而不断提高的（图3–3）。

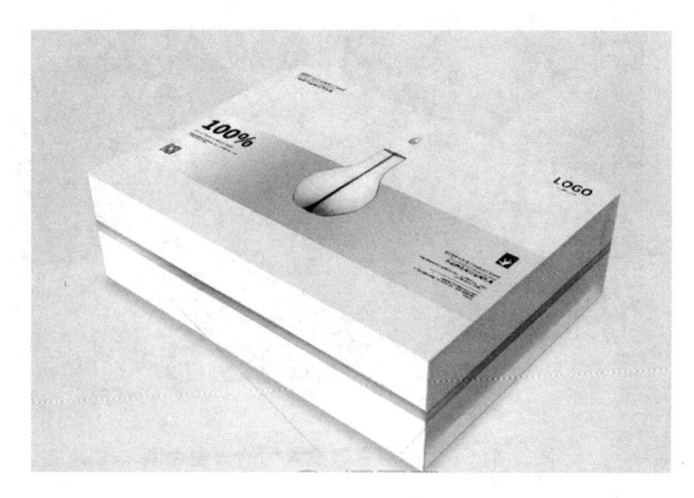

图3–3　包装设计的时尚性

（三）文化性

现代包装设计是一门以文化为本位，以生活为基础，以现代需要为导向的设计学科。包装设计活动是一种文化现象，它不仅是物质功能的创造，更是精神文化的综合体。包装形象的视觉设计，具有丰富的文化内涵，它能充分体现民族精神、传统文化、地方特色和风土人情，也能体现该商品生产企业的历史与文化。

（四）情感性

在激烈的商品竞争中，包装设计首先要使包装具有视觉吸引力，给消费者留下良好的视觉印象，这样才能进一步引起消费者的关注，激发他们对商品的情感和购买欲望，从而引导购买行为，以促进商品的销售（图3–4）。

图3–4　可爱的形象激发人们的喜爱之情

第二节 包装设计的视觉传达规律

一、视觉传达的信息与次序范围

眼睛只是视觉信息的接收器，大脑才是感知信息的处理机。当视觉信息的生物信号通过视神经传递到大脑中，我们才能感知到信息的内容。视神经就好比是通往大脑的高速公路，而各种视觉信息就是在公路上飞奔的车辆。除了图和文字本身内容信息之外，其表现出来的视觉形式，如形状、色彩、编排方式等也都会作为视觉信息被转化为生物信号通过视神经传递给大脑。视觉形式越是丰富，视神经所要传递的生物信号就越多。路上的车越少，就可以越快到达目的地，车流量越多，车速就越慢。如果车流量超过路面所能承载的范围，就会引起交通堵塞。同理，越是简洁的版面编排其识别速度就越快。

信息传达次序性的规律是以人类视觉形成的自然生物规律为理论基础，并结合人脑对视觉信息的接收加工方式的理论而发展出来的。

我们的视觉流向通常是从左到右，自上而下，顺时针方向进行的。横向信息传递快于纵向信息传递。视觉流向还和阅读习惯有关，中国古人就习惯于由上而下，从右至左。现在除了阿拉伯国家的文字仍是从右到左阅读之外，绝大多数国家和地区的人都是从左到右、自上而下地阅读。

由于人类视野自身的局限，人眼能够清晰阅读的静视野，即中心视力范围在3°~25°，超出这个范围，视觉信息传播的速度就会受到影响。如果视觉信息在视野中小于1°或横向大于90°、纵向大于60°的话，就会影响视觉信息传播的完整性。

二、视觉传达的图片与文字

所有的视觉信息元素最终都表现为图和文字两大类。大脑以形象思维的方式处理图形图像信息，以抽象思维方式处理文字信息。形象思维是人类最先发展出来的思维方式，也是最原始的思维方式，如婴幼儿的思维。在此基础上，随着进一步的学习才能发展出抽象思维。抽象思维比形象思维更高级也更复杂，因此人脑在进行抽象思维活动时所需的时间比形象思维的时间要多。正因为人脑对图和文字信息处理方式的不同，才使得图形图像信息的传递速度比文字信息要来得快速地多。

人眼作为人机体的一部分，天生具有一定的惰性。越是排列简单的信息就越能快速被人眼识别。例如，我们阅读直线排列的文字就比阅读曲线排列的文字要快。对文字和具象图形来说，其排列的方向性也对传递速度有着重要的影响。垂直方向水平排列的信息被人脑接受的速度最快，旋转180° 以内的信息次之，旋转角度超过180° 的信息被接受的速度最慢。抽象图形不受方向性限制。

除了上述内容，能影响视觉信息传递速度的因素还有大小。在我们的中心视力范围内，视觉信息越大传递的速度就越快，反之亦然，较小的信息传递也较慢。无论是图还是文字，利用大小来设置视觉信息的次序是最常用的设计手法（图3–5）。

因为小
后看到

因为大
先看到

图3–5　文字大小的对比

三、视觉传达的光与色彩

影响视觉传递的其中一个物理因素是光。在图形与文字的视觉设计中表现为色彩。人眼可视的七色光的波长从长到短依次为红、橙、黄、绿、青、蓝、紫。所以在明亮的自然环境下，红色信息的传递速度最快。因为自然光本身就融合了七色光，所以在此环境中白色信息传递速度最慢。

纯度也被称为色彩的饱和度。我们知道当一个物体反射全部七色光波的时候，这个物体呈现白色，如果吸收了全部光波则呈现为黑色。因为我们所看到的物体反射七种光波的比例不同，所以我们的世界才是色彩缤纷的。色彩的纯度与光线强弱和不同光波的分布有关。通常单波长的强光所呈现的纯度最高。在光波强度（视觉中表现为色相）不变的情况下，光线越弱则纯度越低。黑白灰的色彩纯度为零，因此传递速度最慢。纯度越高，信息传递的速度就越快。

对比度指的是视觉信息与周围环境的明亮度的反差值。自然界中，光线越强其明度越高，反之则明度越低。去除不同波长（人眼看到的色彩）对视觉的影响，现代印刷术中用黑白灰来表现明度对比度。明度关系越强烈信息传递的速度就越快，对比度如果降低到零，信息就会与背景融为一体而无法被识别（图3-6）。

图3-6　包装色彩的视觉传达

四、视觉传达的两种特殊形态

（一）动静

相对于静止的东西，动物的眼睛对会动的东西更敏感，也更能引起身体功能的各种反应，这是动物的自然条件反射之一。这也就是为什么电视总比照片更引人注目的原因。在静止的图形或图像中，也可以表现出动感。通常来说，不对称形比对称形动感更强，不规则形比规则形更具有动感。

（二）常规与反常规

在自然界中，当动物进入一个新环境时通常神经会处于紧张状态，以便身体各项功能能够对外界变化做出迅速反应。当适应新环境后，身体功能的惰性就会显现出来，对熟悉环境中的感知和反应更多地依赖于记忆储存和经验。这也就是为什么我们往往会对熟悉环境中的事物视而不见。但是，一旦这个熟知环境中的常规事物发生异于寻常的变化，大脑就会立刻恢复警觉。这是一种为自我保护所做出条件反射的动物本能。人类虽然已经是地球上最为发达的动物，但仍保留有这种本能。因此，异于常规的视觉信息内容更能引起人们的注意。

第三节 包装设计的视觉流程与版式

一、视觉流程

（一）最佳视域与视觉中心

成功的包装设计应使消费者有一个视觉层次。首先看什么，然后看什么，最后看什么，这个顺序是由画面视觉中心的强度所决定的。视觉信息的传达通过一定的设计使观者产生视线的不断移动和变化，我们称之为视觉运动。心理学家研究证明，人们在阅读一个界定范围的画面时，人的视觉注意力是不同的、有差异的。一般上面比下面注目价值高；左侧比右侧注目价值高；左上侧位置最为引人注目，所以此位置是视觉最佳视域，也是安排信息内容最优选视域。因此，在设计时，把最重要的信息、最有趣的图形安排在视觉最佳视域，会起到事半功倍的视觉传达效果（图3-7）。

图3-7 包装设计的视觉中心

通常来说画面中只能有一个最强的视觉中心，其次是分层次的视觉注意点，以形成整个的视觉层次。通过各种视觉因素与主体形象之间的相互诱导和强烈的色彩对比，使主体形象成为视觉与形象力的交汇点（即向消费者主诉的商品信息），形成视觉导向，引导消费者的视线有序地流动，便于更好地传达商品信息，激发消费者的购买行为，从而增强商品竞争力。

（二）设计方法

1.利用最佳视域，捕捉视觉

在最初的10~15秒内，对消费者的视线产生强烈的吸引力，引起消费者注意并产生兴趣，这是视觉流程设计的第一步。视觉张力的大小导致注意力的强弱变化。设计师应通过各种设计手段、表现技法使包装形象的视觉设计更加具有吸引力，即加强设计的视觉捕捉力。只有强烈视觉冲击的设计才会有较好的视觉捕捉力。

在进行包装形象的视觉设计时，首先，要明确该设计所要传达的各种要素中，哪一个要素是最重要的，哪些要素是次要的，进行仔细的分析、定位，并将最关键的设计要素植入到视觉中心或最佳视觉视域内。然后，按照视觉习惯的规律依秩有序地排列各要素，这是最简单也是最有效的方法，也最能抓住观者的视线。但这不是一成不变的，根据具体情况有所突破、有所创新或反其道而行之，也会出现惊人的效果。

2.将信息群化，进行信息传达

信息传达是包装形象的视觉流程设计的关键，也是最终目的。因此，必须将各种信息载体，遵循视觉运动规律进行有效的排列、组织、处理。传达信息的层次、表现形式的特色、流程设计的节奏，都必须清晰明确。在包装形象的视觉流程设计中，应该有一个能贯穿整个视觉流程的“视线诱导媒介”，如借助形态的动势或视觉方向的延伸，使视线按一定的方向顺利地运动，由主及次，把设计的各个构成要素流畅自如地串联起来，形成一个完整的有机体。

设计要素间可借助实际的或想象的运动线，使其达到群化的目的。相似的形、相似的色调、相近的大小、相似的质感等比较容易群化。也可以运用边界、反转等方式使其涵盖成一体。总之，通过群化适当地排列，能使整个画面更加整体统一，观者的视线流动也更加畅通、舒展。

群化要素的存在，意味着必须有同类组合与异类组合的区别，而区别的方式，则依据各要素的形状、大小、色调、质感等群化原则来分辨相似或不同的要素，群化后的要素之间就存在区别化。有了区别化，观者的视线才会有流动、跳跃感和韵律感（图3-8）。

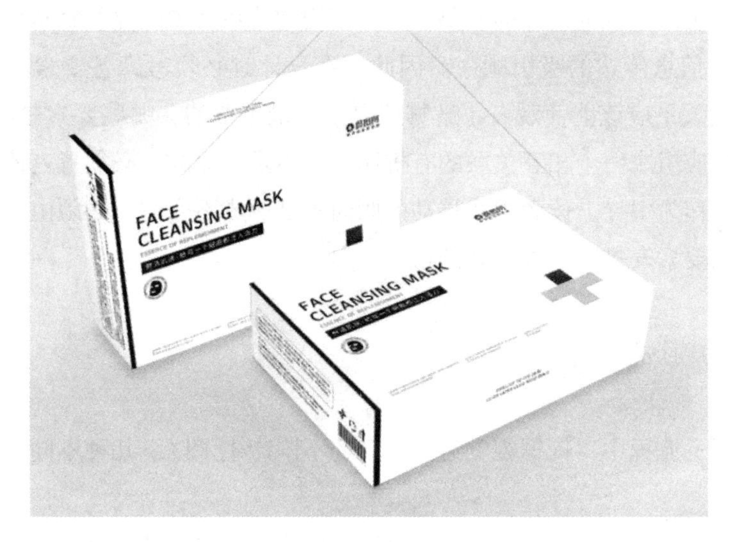

图3-8　包装信息的群化

3.构成差异，形成印象留存

无论是视线的捕捉还是信息的有效传达，都是为了给消费者留下一定的印象。包装形象的视觉流程设计，一般将商品的名称、标志或品牌名称作统一化的设计，安置在适当的位置，产生一定的视觉效果，令消费者观看后回味。视觉传达设计的目的就是为了加深受众的印象，使传达的信息被更多的人记住。只有给消费者留下印象的包装设计，才能称为是成功的包装设计。

4.简化信息，引导视觉流动

人类的眼睛有快速扫描以寻求兴趣点的特性。短暂记忆能力的特性，对视觉印象储存能力的不足，使人资料处理系统中的决策能力也明显不足。因此，在大量商品信息中，读者只有很少的时间去注视他们所注意的视觉形态。在此情况下，包装形象的视觉设计所传达的信息，势必要简洁化，简明扼要，以适应人类处理资讯、记忆与决策的能力，避免超出负荷。只有简洁化、突出化，人们才能在很短的时间内被吸引，并能很快地读懂包装画面上所传达的信息，才能产生购买行为，达到销售的目的。

在包装形象视觉设计的各要素中，结构的关系必须能提供眼睛移动的途径，以及信息传达的吸引顺序。因此，在设计时必须考虑各要素的组成关系，这种关系应该能使观者了解哪些要素是最重要的，哪些要素是次要的，这些要素应组成一个相互关联的有机体，而不是孤立的。必须置入读者有兴趣的要素作为引导。读者视线移动的倾向不是一成不变的，必须由设计者作出适当的要素安排来引导观者的视觉方向。

（三）形式类型

在视觉流程中，依据视觉运动方向的不同产生了以下几种不同的视觉运行方式：

（1）单向视觉流程：一般来说直线、斜线、曲线运动都是单向形式。它能表达一种流畅、自由、奔放，而且富有生命活力的动人气氛，是一般包装形象的视觉设计较常用的形式。

（2）回旋视觉流程：在画面上形成一种迂回贯通的运动轨迹，由线与线、面与面之间的空间造成一股无形力的运动。它能使有限的视觉面积产生一定的空间感和扩张感，令人寻味无穷。

（3）反复的视觉流程：在画面中相同形状重复出现，会产生反复的视觉流程，给人一种很强的节奏感和韵律感。

二、版式结构

版式是安排画面视觉要素的总设计，是将所要表现的信息，通过多种表现形式有主有次、有轻有重、有浓有淡、有疏有密地安排在有限的空间中而形成的“骨架结构”。中国传统绘画称构图为“布局”或“经营位置”。即将空间、虚实、繁简、比例、节奏、空白等矛盾对立因素在画面中有机地贯通成和谐的整体。具体来说，包装的版式结构分为以下几种。

（1）垂直式与水平式

此种版式结构给人以宁静、稳定的感觉。在设计时需注意处理好水平线与垂直线的画面分割，对于垂直线与水平线形成的十字形构图，可在局部施以小的变化或穿插曲线、斜线，在平稳中求变化，求丰富（图3-9）。

图3-9　垂直式与水平式构图

（2）倾斜式

倾斜式的版式结构常以方向的律动形式形成动感，版面处理时应注意在不平衡当中求平衡。

（3）弧线式

此种版式结构给人以活泼、优雅的感觉。尤其是S形版面包含着最单纯的多样和统一。在设计中应用极广，此种版式结构常赋予画面以空间感（图3-10）。

图3-10　弧线式版面

（4）三角式

此种版式结构画面分割鲜明，视觉刺激强。对于不同的商品，可采用倒三角形和正三角形版面。倒三角形版面具有惊险和不安感，可以此来突出商品包装的品牌名称和主体图形，使之成为版面的视觉中心（图3-11）。

图3-11　三角式构图

（5）散点式

散点式的构版式结构自由奔放、空间感强。处理时应注意画面空间中各视觉元素之间的平衡、比重及面积分割，以免失去韵律感。

（6）求方式

求方式的版式结构给人以稳重、和谐的感觉，设计时应注意视觉要素面积的对比和经营空间上的变化，使版面在平稳中呈现出活泼自由的视觉效果。

（7）空心式

空心式的版式结构将主体形象置于画面边缘，而中心呈现大面积空白，此种版式结构易激发消费者的好奇心理。设计时应注意各视觉要素之间的主次关系以及色调和文字的经营，力求版面丰满和谐，有收有放（图3–12）。

图3–12　空心式构图

（8）格律式

格律式的版式结构是将画面分割成多个空间，版面层次丰富、立体感强，且有律动感，具体设计时对于画面中线和面的构成，须注意色相和黑白灰对比。

第四节　包装设计的形式美法则

艺术造型的形式美法则，是人们长期实践经验的总结。在进行包装容器造型设计时，应当灵活运用这些法则，从而设计出形式美与实用性兼备的包装容器。形式是指表现内容的载体，是由诸多可视的（乃至可感可触的）形态及其组织要素有机构成的样式。形式法则是产生形式之美的原则。实际上是一种求"中庸"之道，把握形态变化"度"的方法。要使包装形式产生美感，以利于消费者参与互动，就必须遵循形式美范畴内的各项法则及规律。设计时要尽量"简中求繁，繁中求简"，繁简相融，简而不空，繁而不乱。简洁中含丰富，单纯中有变化，复杂中求单纯，丰富中找简洁，把握好构图的形式，使创意得以最佳的体现。比例法则、对比与统一法则、对称与均衡法则、节奏与韵律法则等都是构成形式美的基本法则。

一、比例与尺度

比例是形式美法则的核心，是形态各部分间的和谐关系，是人类形态比例中的最基本、最恒定的参照比值，也是人们评价形态和色彩之美的潜在参照。比例指形体各部分在尺寸上的比较关系，一般不涉及具体量值。影响最大、使用最广的比例是黄金分割比例（1∶0.618），德国的科学家刻卜勒则称之为"神圣分割"，是最具有美学价值的比例。两样物体放在一起，如甲物的大小是乙物的一半或三分之二，或者介乎其间，配置起来就感觉相称。因此，理想的比例关系应是2∶3、3∶5、4∶6、8∶10等。包装设计师在造型、平面视觉传达设计中应多考虑利用黄金分割来进行设计。常用的还有均方根比例、整数比例、相加级数比例等。

尺度是指造型的形体与人的使用要求之间的尺寸关系。它涉及工效学的基本内容，如正常人体结构尺寸、人的视野范围和视距范围等。如前面我们所提到的人手尺寸与瓶子造型设计的关系。

二、稳定与轻巧

稳定是指造型物上下之间的轻重关系。稳定的基本条件为：物体重心必须落在物体的支撑面以内。稳定又分实际稳定和视觉稳定。前者指物体的实际质量满足稳定条件；后者指造型体的外部体量的稳定，即心理上的稳定。从包装容器造型的艺术处理上，主要考虑视觉上的安定，从包装容器造型设计上，主要应当考虑实际安定。轻巧是指在满足实际稳定的前提下，用艺术创造的方法给人以轻盈、灵巧之美感（图3–13）。

图3–13　包装的稳定与轻巧

三、对称与均衡

对称是一种等量等形的组合形式。这是一种最容易统一的基本形式。对称是指整体中各部分的空间和谐布局与相互对应的形式表现。对称的表现形式主要有镜面对称、点对称和旋转对称三种。对称能产生庄重、稳定、威严的视觉效果。对称形式还可分为以下四种。（1）左右对称：以对称轴为中心，左右、上下对称的图形。（2）放射对称：以一点为对称中心，成放射状的对称图形。（3）移动对称：平行移动，方向不变，移动位置明确而有秩序的图形。（4）扩大对称：按一定的比例扩大或缩小构成的图形。以上四种形式混合进行会产生更多的对称构成形式。

均衡是指对称在心理上的表现，即以不对称产生视觉或心理上的对称效果。也就是说，均衡是一种等量不等形的组合形式。均衡是根据力的重心，将各种分量进行配置和调整，从而使整体达到平衡的状态，它在表现形式上比对称有更宽的自由度。

四、单纯与个性

单纯是指造型物的高度概括而给人以鲜明清晰的结构轮廓印象。结构简单的形体或图案，便于识别又便于记忆。人们在视觉心理上倾向于将复杂形体单纯化，以增强秩序感和整体效果感。一件好的造型体或构图，无论远近观察都能给人以鲜明的结构印象，这就是单纯化的意义所在。个性也叫风格，是指造型中的一种格调。这种格调是通过某种可以认识的方法与别的格调相区别的，它是造型物中那些显而易见的所有个性特点综合起来所形成的。单纯化、个性化的产品不仅符合时代审美的要求，也适应现代工业发展的要求。

整体与局部是一对矛盾体，一件容器的口、颈、肩、身及底部等都是局部部位，在设计时，局部要服从整体的需要，在塑造整体风格的前提下，要精化局部设计。

五、统一与变化

统一是指造型要具有一种统一的格调，以体现造型所蕴含的理念。统一的作用是使造型有条理，趋于一致，有宁静、安定感。任何一个美的造型必须具有统一性。变化是指同一造型中各构成要素之间存在着差异。变化的作用是使造型具有动感，克服呆滞、沉闷感。

纷杂的变化会给视觉上带来刺激，但如果缺少“统一”对整体的掌握，就会显得凌乱松散、力度不足；而过分单纯地只求统一，又不可避免会出现呆板单调，缺少生气。变化与统一的关系是既相互对立又相互依存的。因此，容器造型的变化与统一美应该是在统一中求变化，变化中求统一。

（1）统一中求变化。如果一个造型全用一种形状的线型组合，那么这个造型绝对和谐统一而显得单调，但如果以这种线型为主，再选择另一种与之对比的线型为辅，这个造型在统一中因有了变化而变得生动。

（2）变化中求统一。这种统一可以是线型之间相互渗透，如直线与曲线相间，也可以使外形相差较远的线型以有条理、有组织、有规律化的形式出现，这种造型可以以大弧线与大直线结合，但线形之间构成的一定内在规律，使其取得了统一性 。

包装设计可以通过运用重复的手法，使容器造型在变化之中协调，形体彼此之间有联系和呼应，以达到整体统一的效果。

六、调和与对比

调和是指多个构成要素存在较大差异时，通过其他构成要素进行过渡、连接，以产生协调、柔和的视觉效果。调和强调的是共性、一致性。对比是突出同一构成要素间的差异，使构成要素间出现明显的不同，以产生生动活泼的视觉效果。对比强调的是个性、差异性（图3–14）。

图3–14　包装设计的对比

一切事物都是处在矛盾着的统一体当中，二者是同一问题的两个方面。正如调和和统一互相矛盾并互为存在，在产品包装设计的构图中，动与静、大与小、方与圆、直与曲、长与短、多与少、高与低、强与弱、疏与密都是对比的应用表现，众多因素互相作用，又互相制约。

要在不同中强调其共性达到协调，即调和，首先要把各个局部有机地结合起来，犹如细胞中的基因彼此构成不可分割的整体。其次是“君臣从属”，一个为“君”，另一个为“臣”。“君”处于主导支配地位，“臣”处于服从地位。“君臣从属”也可以理解为“主从与重点”。所谓“主”，即造型的主体部位或主要功能部位。对一个具体设计来说，就是表现的重点部分，视觉中心。而“从”则是造型的非主要部位。主从关系非常密切，没有主也就不存在从。没有重点则显得平淡无味，没有一般也就不能突出重点。重点突出靠对重点的渲染来强调，靠一般因素的映衬来烘托。主体的效果靠局部处理来反映和加强。这也是统一变化法则的体现。

正如中国画论在空间处理上要求“密不通风，疏可跑马”，先制造对立矛盾而后调和。在调和中求对比，才能在各元素之间主从、虚实、呼应等方面做到形式丰富而有条理，组织有秩序而不单调，才能使整体构图获得明快和谐的视觉效果。

七、比拟与联想

比拟即比喻和模拟，是事物意象相互之间的折射、寄寓、暗示和模仿。联想是一种事物到另一种事物的思维转移与呼应。比拟是模式，而联想则是比拟的展开。比拟与联想在造型中是十分值得注意的，它是一种独具风格的造型处理手法。处理得好，能给人以美的欣赏；处理不当，则会使人产生厌恶的情绪。比如一些仿生类型的瓶子，就具有这样的特性。

八、节奏与韵律

节奏与韵律原是音乐和诗歌中的术语。同一因素的连续或重复出现所产生的运动感，叫做节奏。节奏的创造可以通过线条的流动、色彩的深浅间断、形体的高低、光影的明暗等因素作有规律的反复、重叠来进行，从而在观察者的心理上产生动感（图3–15）。

图3-15　包装设计的节奏

韵律指有规律的节奏经过扩展和变化所产生的流动的美。因此可以说韵律是节奏的深化，它在节奏的基础上增加了丰富的变化，以增强动感与美感。

第五节　包装设计的语境分析

一、包装设计的产品语境

（一）包装对产品销售的影响

商业社会的特点决定了商品的包装设计受市场和消费者的支配。作为商品销售成功的关键组成部分，商品包装的造型、色彩、文字及展示要能暗合消费者的心理，并刺激他们的购买欲望，这就要求设计师要以科学客观的方法，对市场进行调查与分析，收集产品的相关信息。经过分析预测后制定出有针对性的设计战略，力求搜寻两者相互沟通产生互动的因素。通过构思将抽象的商品信息经过提炼、概括，转换成图像语言，在转换的过程中建立与传递信息内容相适应的代码。但设计的难度和局限性在于理性的科学分析方法与感性的形象思维之间的冲突，如何把握好尺度是关键。要力争设计的人性化，使其能够向消费者更好、更快地传递信息，加强与消费者的交流与沟通。因此设计师必须具有极强的创新意识和艺术感悟力、开阔的视野和缜密的构思以及构筑多元的知识结构，引入边缘学科的知识和分析方法，以丰富设计的走向和深度。通过独特的设计角度寻求一种合适的设计维度、设计语言和节奏，将产品信息及时、准确、迅速地传达出去，使包装在“有限”的空间里赋予商品在表现方式和传达力度上的“无限”，成为与消费者沟通互动的联系纽带和桥梁。

（二）包装对产品附加价值的提升

1.高品质包装带来附加值

当说到高品质的时候，是指高于普遍水平的品位和质量，而不只是合格或者一般好的标准。质量是我们讨论的一个前提条件。也就是说，在成本预算允许的条件下，质量越高越好。除此之外，包装的材质、制作工艺以及包装结构的合理性是影响包装品质的几个方面。这些因素的考虑应采取“适用”原则。

（1）材质

材质包括了材料和质地两方面，不同的材料有着不同的物理特性。从类别来分，常用的包装材料有纸张、塑料、木质、金属以及各种复合材料等。这些材料本身没有贵贱之分，需要设计师根据具体包装的产品特性以及市场情况做出适当的选择。选用适合的包装材料可以为包装加分、提高产品附加值。值得一提的是，在“可持续发展”成为社会发展的主流趋势的当下及未来，环保材料的选用毫无疑问地可以为产品和包装加分。

同样的材料可以有许多不同的质地。质地是指材料品种和软硬、结构等特征，是人们通过视觉、触觉、嗅觉、味觉和听觉获得的对材料的感受。例如，材料的厚薄、软硬、平滑度、视觉上的反光度、材料间摩擦力的大小、使用过程中散发的气味、产生的声音等。质地的选择要考虑到产品的属性和风格。这三者的关系配合得越好就越是能提高产品的附加值。反之，则会为产品减分。

（2）制作工艺

在这里我们讨论的是制作工艺的精准度和印刷的精确度，并非各种不同的生产和印刷工艺方式。

制作工艺就是我们平时生活中说的“做工”。一件做工上乘的产品，价值自然就高。作为产品附属品的包装，做工精良、价值高的话，自然也就提高了主体产品的附加值。工艺的精确度主要体现在包装的表面是否平整，切割线是否平整准确，折角角度是否精确，连接处是否整齐，黏合处是否整洁，包装的不同部分结合是否紧密；印刷的精确度主要表现在套色是否准确，色块是否均匀，图片是否细腻，颜色的色度色相是否准确。

（3）包装结构对运输便利性的影响

①传统运输方式的便利性

消费包装的运输便利性可以为产品带来直接的附加值。消费包装的运输是指产品从售卖点或者说从商家到产品使用地点的这段运输过程。消费包装的便携性是生产厂商对消费者体贴的人性化设计的体现。包装设计得越人性化，就越有利于消费者满意度的提高，也就越有利于产品附加值的提高。

对于包装体积小的产品，可以被轻易地放进购物袋携带，但对于那些体积或重量超过了常规购物袋的装载范围的产品，便携性就显得尤为重要了。产品包装越大越重，其便携性就越能影响消费者的消费体验。在设计包装的携带方式的时候，要考虑产品包装本身的体积、重量以及产品本身的抗震性能。一般来说，体积较小、重量较轻的产品可以用各种拎手，体积较大或需要保持平放的产品的包装多采用直接在包装上模切成型的方法增加把手位置；但对于体积大、重量重的产品就应当考虑手持（拎或提或端）以外的运输方式，例如电视机或台式电脑。假如将超过10kg重的苹果电脑经过4h地铁和城际火车的颠簸从伦敦市中心带回到家里，10kg的东西拎在手上10min还可以承受，但如果是几个小时的话大多数人都会觉得疲劳。

②网络消费的包装要求

在电子时代的今天，网购变得越来越普遍。这一新的消费形式的出现给消费包装的便携性提出了新的要求——符合邮政包裹包装标准。根据中华人民共和国邮电部1997年12月1日开始实施的《中华人民共和国通信行业标准 邮政包裹包装箱（国内）》规定，邮政包裹包装箱采用瓦楞纸板、钙塑瓦楞板、聚乙烯塑料中空板等材料制作。其材料技术要求均有相应的规定。

箱体表面要求：箱体应方正，表面平整，无明显损坏，无污垢；箱体应适用普通自来水笔、毛笔、圆珠笔书写文字并适应普通油墨加盖戳记，且字迹、印痕清晰、耐擦涂；应适用普通胶水或浆糊粘贴包裹号码签条或条码签，固化后不脱落。

对于结构的要求为：通用型包装箱可采用全叠盖式结构，或折叠式结构；专用型包装箱可采用全叠盖式、折叠式或插舌式。对包装箱的物理性能要求为：空箱抗压力大于等于1000N；被邮寄物品放入包装箱，并按照《国内邮件处理规则》的要求封装完毕后，包装箱从800mm高度自由跌落，箱体不允许出现破损；箱体摇盖应能反复开合5次，内外面层不得有裂痕。

事实上，消费包装和邮政包装不可能达到真正意义上的完全统一，因为这两者所要兼顾的包装功能完全不同，这两者所必须传递的信息也完全不同，且不能同时出现。既然这两者不能互相取代，那么我们所能够考虑的就只有合并两者的共同功能，以降低包装成本，提高利润空间，变相提高附加值。这两者只有一个共同点，那就是保护产品——抗震、抗压。我们来看看苹果公司的包装在推行网购服务前后都做了哪些改变。

无论防震内衬是加到销售包装的内部还是外部，邮政包装的尺寸都不会改变，而防震内衬的尺寸也基本不会有改变，唯一受影响的是销售包装的尺寸。大尺寸等于高成本，小尺寸等于低成本，如何选择，答案是显而易见的。

另一方面，销售包装的大小还会影响到用户的使用体验。现在这种结构在邮政包装和销售包装之间留有足够的空间，可以很轻易地从邮政包装中取出产品。试想，如果防震内衬在销售包装里面，销售包装的尺寸就会几乎和邮政包装一样大，那样的话要取出产品就会变得非常困难。

2.包装衍生功能提高产品附加值

包装的衍生功能指的是包装所拥有的除了保护产品之外的使用功能，也就是包装的第二功能。产品包装的衍生功能使得产品包装有了独立存在的价值，在一定意义上成为第二产品，这第二产品的价值当然就是第一产品的附加值了。

包装的衍生功能有两种。一种是和所装载产品没有必然联系的功能。例如，空的玻璃罐子可以当便携茶杯用，空的电器包装可以储存暂时不用的东西。这种衍生功能的设计不适用于快速消费品包装，除非衍生出来的包装产品也属于快速或一次性消费产品（图3-16）。

图3-16　酒瓶的衍生功能

另一种衍生功能是为所装载产品服务的功能。或者，通过包装和其装载的产品相结合，而产生出的第二使用功能。例如说电视机包装衍生出电视柜的功能，又或者电灯泡的包装变成灯罩。从实际使用体验的角度来看，这种与所装载产品相结合的衍生功能更符合人们的实际使用需求，也更能提升产品的附加值。毕竟，当人们进行消费的时候，主要还是购买包装内的产品，是出于对其产品使用价值的需求而发生的消费行为，而不是包装。

包装衍生功能的设计有两大类。一类是通过设计，使包装本身就具有第二功能。虽然使用第二功能的方式不尽相同，但这一类包装的衍生功能是相对独立的，不依赖于其包装产品的。换句话说，包装本身就可以成为某个产品。这一类的设计有很多实现的方法：可以利用包装材料本身的特性来设计衍生功能，可以重新利用包装材料DIY成其他的产品；可以通过对包装的不同使用方法得到新的功能，可以通过包装的不同部件的不同组合来得到不同的功能；可以利用原包装进行结构重组而获得新功能；可以把包装设计成产品的某个附件来获得衍生功能；还可以利用高新科技来赋予它独特的第二功能。

另一种情况，就是包装本身不具有衍生功能，但和其装载的产品相结合后就产生了新的功能。这种包装本身很普通，它的第二功能是依附在某个特定的产品之上的，脱离了这个特定的产品，它的第二功能也就不复存在。这种设计方法是利用产品本身的属性特征衍生出新功能的，所以，对产品属性特征的充分了解和理解是设计的前提。

在设计产品包装的衍生功能的时候，还应当充分考虑终端用户的实际需求，设身处地地去思考目标用户在实际使用包装及其产品的时候会遇到的具体问题，从而找出需要被设计出来的第二功能。所以，产品包装衍生功能的设计并不是盲目的、随机的花边点缀，而是具有在深入研究的基础上发展出来的实际使用意义的。其目的是帮助用户更便利地使用产品或者给用户以更好的使用体验，从而推动人们生活方式的发展。

我们应当针对产品的属性特征，设计出最适合的包装衍生功能，并根据其衍生功能的物理要求，综合考虑选择恰当的包装材料、形态和结构。在这个过程中，往往要经过多方尝试和测试，才能找到最理想结合方式。

3.产品包装艺术品化提高产品附加值

包装艺术品化从某种程度上来说也是实现包装衍生功能的一种方式，但由于艺术品是一个比较特殊的产品，它的使用价值不在于对人们物质层面需求的满足，而在于丰富和促进人们精神领域的生活。它的使用寿命不受物理条件的限制，可以无限地影响人们的精神世界。基于它的这种特殊性，我们把包装的艺术价值从其他的衍生功能中独立分化出来（图3–17）。

图3–17　包装的艺术品化

对应于艺术形式的多样化，包装的艺术品化也有多种形式，但大致上可分为二维艺术品化和三维艺术品化两种。

二维的艺术品化顾名思义是把产品包装在二维平面的形式上转化为艺术品的方法。这种方法通过把二维形式的艺术品，如绘画、插图、摄影等艺术作品代替通常的商业图形及信息印制到包装的表面，赋予包装以艺术性，使其分享并拥有被复制的这些艺术品同等的艺术欣赏价值，从而也成为“艺术品”。

包装三维的艺术品化是指把包装设计成三维艺术的形式，如雕塑或工艺品。由于这种包装常常涉及一些特殊的生产工艺和材料，而特殊的造型也往往要耗费比普通包装更多的用材，所以会使其包装的生产成本大幅度增加。

随着电子艺术的出现，包装的艺术形式也出现了电子化。这种以现代电子技术为基础的包装虽然在目前的生产水平和市场情况下还很难普及，但我们有理由相信，随着科技和社会的发展，在不久的将来，包装的电子艺术品化也会像电子艺术的发展一样，成为包装艺术品化设计中的一个重要部分。

由于艺术品的价值很难像其他的实用价值一样来具体量化，所以，在所有的提高包装附加值的方法中，产品包装艺术品化所带来的附加值增值空间是最大的。[①]

（三）包装呈现的产品因素

1.产品属性

产品属性是指产品本身所固有的性质，是产品在不同领域差异性（不同于其他产品的性质）的集合。而产品包装是由产品性质决定的，是体现产品差异性的外在表现，决定产品包装的每个因素在各自领域分别对产品进行性质的规定。呈现在消费者眼前的包装是这些不同属性交互作用的结果，产品包装设计上标明卖的是什么产品，使消费者能迅速地识别产品的属性，包括品种、用途、功能、用法、档次等。强调产品不一般的功效和作用，并在产品包装设计上重点展示给消费者，区别于其他产品，拉开距离，比如饼干、药酒、女装、奶粉等。

2.产品特征

产品特征是产品自身构造所形成的特色，一般指产品的外形、质量、功能、商标和包装等，它能反映产品对顾客的吸引力。在产品特征的影响下，产品包装直观地刺激消费者认知、情感和行为，以产品所具有的特色来创造一个独特的包装，使之区别于同类产品，能在竞争中脱颖而出，比如化妆品包装突出“纯植物”体现原材料的不同；如美国GNC健安喜保健品包装设计上突出展示它的功效和作用。另外，突出产地，以示产品的特质与正宗，强调原材由于产地不同而产生的品质差异，将产地作为品质的保证，比如地方

---

① 孔德扬，孔玫.产品的包装与视觉设计[M].北京：中国轻工业出版社，2014.

特产，依云矿泉水包装就是以法国依云小镇背靠的阿尔卑斯山为包装的主要图形，表现的是世界上最好的矿泉水在法国依云小镇。

3.产品档次

价格的形成最终是由供求关系及竞争态势决定的。价格的高低在宏观层面上决定了产品是奢侈品还是必需品，这同样是消费者不同层次需求的体现。消费者对价格的微观敏感性以及宏观的价格弹性这两个方面决定了产品的价格层级。根据产品营销策略的不同及用途不同，每一种产品都有不同的档次，设计者设计的包装应该根据产品的不同价格来适当考虑。由于商品存在着高、中、低三个档次，因此在产品包装设计中，应该准确直观地体现出产品的档次，做到外在包装与内在产品档次相统一。尤其是高档的礼品包装，应该突出它的高档感，力求体现它与中低档次的产品的区别，满足消费者追求高档的心理（图3-18）。

图3-18　迪奥香水

4.产品功能

产品功能是指这个产品所具有的特定职能，即产品总体的功用或用途，或者说是指产品能够做什么或能够提供什么功效，强调产品不一般的功效和作用，将这些作为重点设计在包装上展示给消费者。顾客购买一种产品实际上是购买产品所具有的功能和使用性能，而这些一般都会在外包装上得到体现，比如，奶制品根据使用时间不同分为早餐奶、晚餐奶，饮料有动型饮料（比如红牛）、功能型饮料（如加多宝凉茶），饼干有幼儿手指饼干、糖尿病人专用的全麦饼干等，再如保健品包装设计展示它的功效和作用，让消费者在消费这种商品时获得生理和心理的满足（图3–19）。

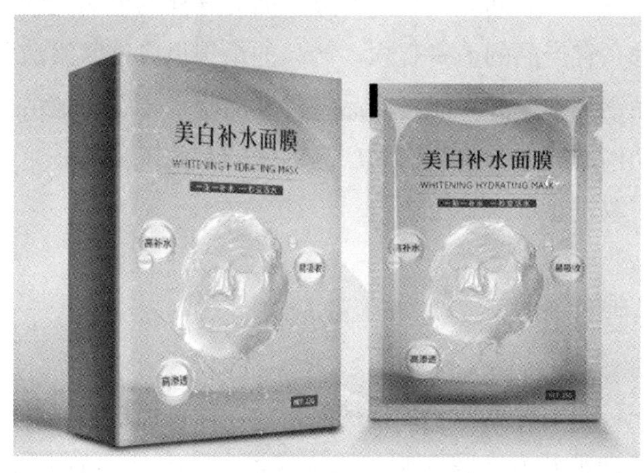

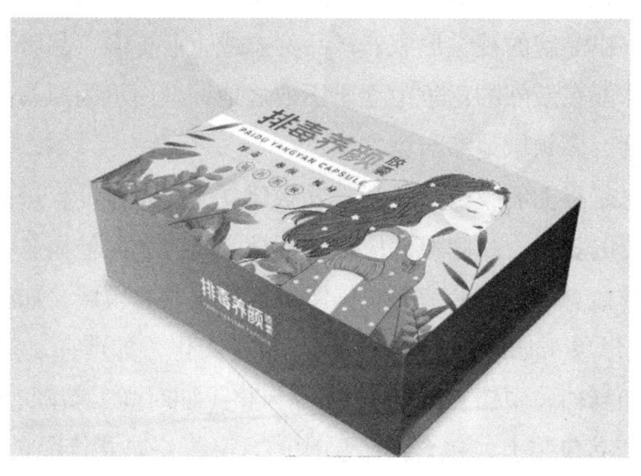

图3–19　包装对产品功能的体现

产品的功能可以分为使用功能与审美功能，这两种功能对于设计师设计包装非常有帮助。使用功能是指产品的实际使用价值；审美功能是利用产品的特有形态来表达产品的不同美学特征及价值取向，让使用者从内心情感.上与产品取得一致和共鸣的功能。

二、包装设计的品牌语境

随着人们物质生活的不断提高以及科学技术的快速发展和广泛应用，产品种类日益丰富，产品同质化日渐明显。面对这样的市场现状，消费者逐渐形成了重品牌、轻产品的消费观念。产品的销售也应该紧跟消费观念变化的脚步。在产品销售中，如果能将产品宣传和品牌宣传有效地结合起来，一定能起到事半功倍的效果。包装作为产品促销的有效工具之一，也应该从这方面多思考、多改进。

（一）品牌理念

品牌是一种识别标志、一种精神象征、一种价值理念，是品质优异的核心体现，主要向消费者自我介绍“我代表谁，代表什么品牌”，表现在产品包装上就是突出品牌的视觉形象、产品标志或企业标志、品牌名称或品牌字体等，这样才能在激烈的竞争中立于不败之地，继而巩固原有品牌资产，多层次、多角度、多领域地参与竞争。

品牌概念是指能够吸引消费者，并且建立品牌忠诚度，进而为客户创造品牌优势地位的观念。品牌概念应该包括核心概念和延伸概念，产品的包装必须保持品牌概念的统一和完整，具体包括企业业务领域（如行业、主要产品等）、企业形象（如跨国、本土等）、企业文化（如严谨、进取、保守）、产品定位（如高档、中档、低档）、产品风格（如时尚、新潮、动感）。

体现在产品包装上，包含两个层次的含义：一是指产品的名称、术语、标记、符号、设计等方面的组合体；二是代表有关产品的一系列附加值，包含功能和心理两方面的利益点，如产品所能代表的效用、功能、品位、形式、价格、便利、服务等。

（二）品牌形象

一种产品能成为现代生活的某种体现而广为人知，这种极大的成功固然离不开高水准的产品出质，但是如果没有精心设计的品牌形象和广泛的、持久的宣传，也是难以成功的。人们常常从市场上同类产品中进行选择，甚至千方百计求购某种名牌产品，而对非名牌产品不屑一顾。尤其是社会主要消费群——中青年消费者，往往不惜花费高额费用来购买一件品牌产品。在获得实用性的需要之外追求心理性、情感性的满足，甚至对这种“软价值”的需求远远超过了对产品“硬价值”的需求，不能不说这是现代消费水平发展的一个重要特色。

形象是主体与客体相互作用产生的，是主体在一定的知觉情境下，采用一定的知觉方式对客体的感知。良好的品牌形象是企业在市场竞争中的有力武器，深深地吸引着消费者。所以就要专门进行品牌形象设计。

品牌形象设计要根据企业的精准视觉定位不断调整，使其一亮相，就引起受众（目标消费者）的关注与青睐。设计一整套品牌形象我们经常用到的是现代系列化包装设计与CIS（品牌管理体系，包括企业的理念识别、企业行为识别、企业视觉识别）。将商品品牌的认知作为重点设计，强化商品名称。通过系列化产品包装的方式，对瞬间即逝的视觉暂留加以强化，同时，也可以采用适时出现、适当重复等方式，强化公众对品牌的深刻印象。

系列化产品包装设计是将包装的形态、色彩、品名、牌号、组合方式等做成系列，形成一组格调统一的群包装，在设计时遵循多样统一的原则，在统一中求变化，在变化中求统一，通常化妆品和食品包装大多采用系列化的设计方法。

高品位的名牌产品显然需要富有典型个性的品牌形象作为包装或广告设计的表现主导。同样，为了提高产品的知名度，注重品牌形象的设计表现也是不应当忽视的。高水准的品牌形象使产品在其“硬价值”之外所具有的“软价值”为企业带来了源源不断的利润。

成功的品牌形象在视觉表现上具有鲜明的标志性。它在同消费者的沟通方面远远超过了单个商标的作用。它是规范化了的图形、色彩、字体的富有典型个性的视觉整体。它力求体现产品品质个性，力求强化人们的识别与记忆。良好的品牌形象几乎成了高水准产品在消费者中间的“通行证”，它把产品塑造成英雄。同时，对品牌形象广泛而持久的宣传也向广大消费者灌输了一种对企业的信任感，从而成为树立企业形象的有力武器。可以说，这是一条企业推进“CI”战略的前沿战线。

品牌形象所表现的个性就要力求体现产品品质个性。在视觉形式上不论是质朴的还是华丽的，是简洁的还是精致的，都应当注意在图形、色彩、文字和整体骨架上体现出产品个性的生命力，并注意保持它的一贯性。设计者不能忽略：品牌形象将在很大程度上影响消费者的购买行为。

将品牌形象作为画面的注意形象，这种方法形式感强，如浪琴、LV 等；也有突出品牌色彩的，也就是企业标准色，如“百事可乐”的红和蓝、“麦当劳”的红和黄。有些品牌的图形设计包括宣传形象、卡通图形和辅助图形，在产品包装设计中充分发挥了图形的表现力，易于消费者联想，使宣传产品更加形象、主动，如韩国儿童饮料品牌“宝露露”小企鹅的拟人形象、“百事可乐”的球形、“耐克”标识简洁的战神翅膀形象等。总之，产品包装设计要重点表现商品的品牌，突出品牌意识，这对创立品牌的知名度起着非常重要的作用。

三、包装设计的消费者语境

包装设计要表明商品的消费者是谁，为谁服务，以及为谁生产，“消费者”主要是指产品或服务的消费群体。消费者形象是驱动品牌形象的重要因素，其硬性指标有使用者年龄、针对性，使消费者能通过包装对这个产品产生亲切感。抓住消费者的消费心理和情感因素，也就是使品牌形象与使用者形象结合，包装设计者必须充分了解目标消费者的喜好和消费习惯，使其具有较强的形象。

（一）消费者自身的影响因素

性别不同，年龄不同，职业、文化程度不同，对于商品的档次、卖点需求也自然不同。人在学习过程中，教育改变了人的观念、气质，同时也改变了对知识的判断标准。由于受教育程度和职业等方面的不同，对于包装表现形式的喜好有极大的差异。文化层次较高的人较易接受抽象图形；受教育较少或者是工作相对直白的人，比较喜欢选择容易分辨的写实具象图形。

而从个人性格上来看，通常，个性会通过自信、自主、支配、顺从、保守、适应等性格特征表现出来。因此，可以按照这些性格特征对产品进行分类，从而为企业细分市场提供依据。比如某些服装生产企业为“简朴的女性”“时髦的女性”和“中性的女性”分别设计不同的服装。

（二）消费者外部的影响因素

1.地理环境

按照消费者所处的地理位置、自然环境来细分市场，比如，根据国家、地区、城市规模、气候、人口密度、地形地貌等方面的差异将整体市场分为不同的小市场。地理变数之所以作为市场细分的依据，是因为处在不同地理环境下的消费者对于同一类产品往往有不同的需求与偏好，他们对产品及产品的包装会有不同的反应。不同的地域产生了不同的文化，商品的包装是人类不同文化背景下的思想折射，不同地域的设计师长期受传统文化的熏陶，所形成的社会意识影响着他的设计。

2.气候条件

气候的差别也是地区差别的一个方面，也会影响消费者的行为。如气候温暖的地区对电辅热器具的需求就不很迫切，反之，气候寒冷的地区则多数人要穿羽绒类服装。同样，把滑雪衫广告做到南方，把檀香扇广告做到北方，这只能是一种南辕北辙的徒劳举动。即使在同一地区，市区居民与近郊居民的消费习惯也可能不同，不同地域需求的产品不同，产品包装在设计上也会相应变化。

3.传统风俗

不同民族、不同地方文化下也有不同的消费需求。现代的商品发展到现阶段，愈来愈显示出商品对包装的依赖性。成功的包装就是商品市场竞争的动力，人们的消费观念已从单一的物质需求演变成进一步的感性满足，即精神需求。现代社会中，消费不仅仅只停留在单纯的购买意义上，它已逐渐成为一种社会文化的象征，人们在消费过程中无论在购买的档次还是色彩造型上都体现出他们高雅的文化修养、独特的审美趣味乃至社会地位的高低。因此，现代包装设计所要表达的内容更应注重精神层面。而传统的民族文化就是精神层面的体现，每一个国家或民族都有着自己特别的传统民族文化。民族文化是深入人们的生活的，在人类自然而然的互动交融以及长期的社会艺术实践中，慢慢形成的审美情趣。比如中国茶叶包装盒上的水墨画技法、书法、古钱币被设计师以现代的表现形式呈现出来，这些具有鲜明民族文化特色及时代特征的设计作品，无疑是使我们的传统民族文化复活于现代社会中的典范（图3–20）。

图3–20　包装设计中的传统文化

五、包装设计的文化语境

作为设计师要充分运用文化语境理论来指导设计，对于新产品、新包装开发、品牌的建立和维护，对于传统设计文化的传承等方面的工作都有着重要的意义。在新产品开发及新包装设计中，首先进行消费群体文化学调查，寻找具有交换价值的文化因素；然后运用符号学原理，将这些因素的文化含义进行形式或结构上的转化。

同一时代的各类型包装相互发生着影响，共同构成这一时期包装设计特有的风格与特色，文化语境对包装的影响有技术文化和人文文化两方面。

（一）技术文化

随着科学技术水平的不断发展，新技术、新工艺、新材料不断涌现，自动化、数字化、信息化、电脑一体化使得今天的包装无论是在设计上，还是在最后的印刷与制作上，都得到了前所未有的发展。工作效率及包装质量得到了更大程度的提升，更重要的是给消费者带来了更多的实惠和便利，同时也改变了今天人们的生活方式。尤其是新材料的不断革新，带来了许多新型的包装形式，更多环保型、多功能型、方便快捷的包装被设计生产出来，提高了人们的生活质量。包装的功能也在发生着变化，从过去没有概念到新概念的产生；从简单的初级包装到符合消费者心理需求的高档包装；从单一功能到多功能；从浪费材料的“过度包装”到注重环保的“适度包装”；从繁琐到简约；从缺乏个性到彰显个性。今天的设计更加实用，也更加贴近人、关爱人。如图3–21，简洁的造型完全符合人机工学的要求，设计更加注重人的因素，技术为人服务在今天早已成为共识。

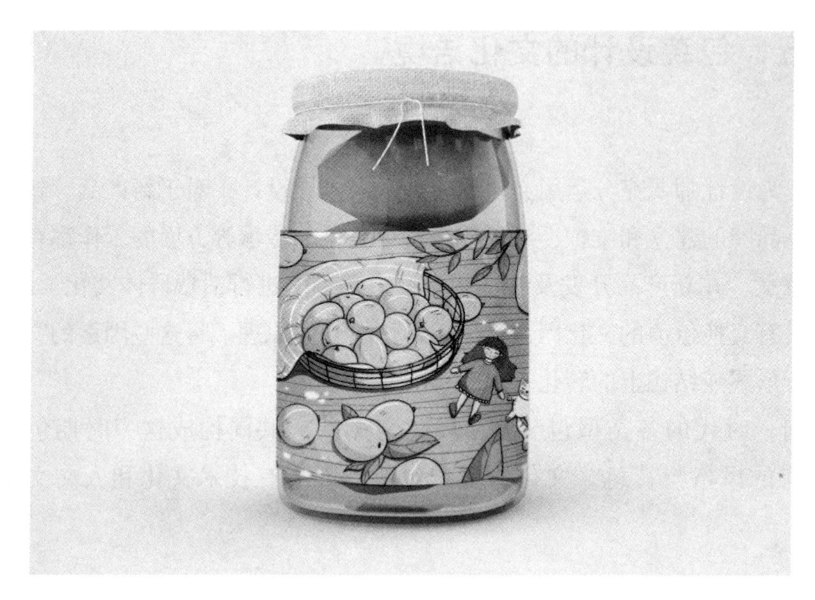

图3-21 包装设计的技术文化

（二）人文文化

随着改革开放的步伐不断加快，中西交流日益频繁，中西文化的差距也在逐渐缩小，中西文化在互动中相互有消有长。中国传统文化与现代社会发展有相融也有相互冲突的地方，无论是在观念上还是生活方式上，延续性大大超过了变异性，人们越来越多地关注精神文化生活的内涵。可以说包装形象的视觉设计的文化语境，就是在技术文化、人文文化、东西方文化、全球化和本土文化、传统文化和现代文化的共同作用之下相互融合而成的。我们关注的是中国传统文化的历史文脉性以及本土文化在包装形象的视觉设计中的体现（图3-22）。

设计师要正确把握设计与文化语境的关系，要与特定文化环境相契合，不能孤立地把设计与文化语境割裂开。有些设计对于文化含义的表达流于对符号的生搬硬套和堆砌，与本身所处的文化语境不相融，根本无法在本质上提高商品的交换价值和使用价值。只有关注设计所处文化语境的设计作品，才具有根基和文化底蕴。

图3-22　包装的人文文化

第四章

包装设计的平面构成与视觉要素

包装设计的平面结构主要包括文字、图形、色彩、编排等，这些元素的排列是否合理直接影响包装的视觉效果。不同组成元素的组合也会给人们带来不同的视觉享受。设计师应该使用不同的构成元素，不断丰富作品的表现形式和创作技巧。本章将对包装设计的平面构成与视觉要素展开论述。

第一节　包装设计的文字要素

一、包装设计中文字要素的意义

文字是信息交流的重要工具，是完整包装设计不可或缺的重要组成部分。同时，对于设计师来说，对包装设计中的文字元素的掌握十分重要。商品促销中最直接的促销手段之一就是包装设计，在商品市场迅速扩大、经济竞争激烈的情况下，文字已经成为商品包装中最直接、最有效的视觉传达元素。因此，文字在包装设计中的运用是否恰当，已成为包装能否发挥营销功能的关键环节。

包装中的文字设计应根据特定产品的具体要求，如设计产品的特性和功能、传播对象、造型和结构、产品和工艺条件等，获得最合理有效的视觉传达效果方案。例如，在某一个品牌的一系列化妆品的包装设计中，用文字作为主要元素来表达设计的主题和内涵，也达到了强烈的视觉效果和设计的准确定位，如图4–1所示。

包装文字设计的意义在于传递文字信息的功能。所谓包装文字信息传递，是指通过包装表面的广告词和说明词，将生产者、商品及相关内容传递给消费者。文字不仅起到了形式美的装饰元素的作用，为商品做广告，美化商品，还清晰地传达商品的特征。

优秀的包装文字设计可以引起人们的注意，并解释其优点，唤起欲望，达到最终行动的目的。因此，作为一名包装设计师，我们必须努力使文字简洁易懂，给消费者一个迷人难忘的第一印象。不同类型的商品都有其特定的消费群体。合理的文字设计应把握消费对象的心理，形成特殊的商品文化。例如，图4–1所示的包装设计中，文字充分捕捉了女性消费者寻找护肤品来改善自己外观的心理特征，这仅仅体现在商品的包装上。

图4-1　化妆品包装设计封面

二、包装设计中的文字类型

在所有设计语言中，文字无疑是传达信息最清晰、最全面的方式。然而，在商品丰富、信息量巨大的时代，文字设计必须加强沟通效果，改善装饰效果，加深消费者印象，确保对消费者的准确认识和理解。包装设计文字按其性质和功能可分为品牌文字、广告文字、说明文字、附文等。

（一）品牌类文字

品牌类文字包括品牌名称、商品名称、公司或企业标识等，它们代表品牌形象，主要布置在包装的主表面上，所以必须精心设计，使其具有独特的认知意义。

总的来说，公司的品牌和标识基本都是已经设计好的，而且大多数在包装设计中只设计产品名称。品牌文字的设计空间广阔，在可识别的前提下，一般可以根据商品的特点进行书法、艺术或印刷设计。

如果是书法字体设计，一般要表现出笔迹是手写的特点，这与每个人写字的不同而不同。在机械化、智能化、工业化和大规模生产的时代，它给人一种人性、原始生态和传统文化的感觉，如图4-2所示。而不同的书法风格传达出不同的色调，如雅致的篆书、简朴大方的楷书、端庄的隶书、活泼有神的行书、不受限制的草书等。书法追求品性之间的千变万化，具有强烈的艺术感染力、鲜明的民族特色和独特的个性，书法大多来自名人，具有名人效应，深受人们的喜爱。

图4-2　书法字体的运用

艺术风格的美术体是一种设计字体，它可以分为规则的艺术字体和变化的艺术字体。与主流艺术风格一样，规则的艺术字体强调外观的规律性和点画变化的统一性，它很容易阅读和设计，且性格是较为刚性的。变化的艺术字体通常不是一个单字出现，它是为主题设计的，强调自由变形。它追求点画处理或字符形状处理的不规则变化，非常适合表达品牌或产品的风格和独特性，如图4-3所示。

图4-3　美术体的运用

印刷规格有序，具有强烈的科技感，大致可分为装饰性线体（如宋体和罗马体）和非装饰性线体（如黑体和圆形）。前一种是庄重优雅的，后一种是简单现代的，通常用于解释文字和品牌文字，尤其是药品包装。

以上只是对文本设计的一般分析，在实际设计中经常灵活运用，甚至混合使用多种文字，以达到强烈的对比效果。然而，应该注意的是，首先要容易识别，尽量不要使用识别性差的字体，如艺术字体或变体字体，否则可识别效果会大大降低。

（二）广告文字

广告文本，即包装上的广告词，是宣传商品特性或差异的口号，一般安排在包装展示的主要表面，但注意主次。

一般情况下，广告文本的视觉强度不应超过品牌文字的视觉强度，以免干扰消费者。

（三）解释性文字

解释性文字是对商品的深入介绍和描述，可以让消费者进一步了解商品的特点和使用过程，主要了解产品的历史、使用情况、功效、成分、使用方法、规格、保质期等。

这类文本通常具有很强的可读性。在不影响阅读的情况下，字体大小应该小而不是大。它通常放在包装的侧面或背面，位于包装界面的次要位置。也可以在说明书中专门打印并放入包装中。

（四）附文

附文通常包括工厂名称、生产地点、电话、网站、生产日期等。应该注意的是，生产日期没有打印出来，因为包装与产品生产很难同步。一般情况下，包装后打印。因此，请注意在图纸中留下足够的编码位置，否则会影响文字的可读性和生产日期。

简而言之，包装中的字符必须精确、易于识别、主次分明、完整；在此基础上，可以图形化地反映商品的特点，形成良好的货架印象。

三、包装设计中文字设计的原则

作为产品包装视觉传达的重要元素，文字不仅是信息载体，也是视觉图形语言的载体。产品包装设计中文字设计的表达主要从文字的形状、大小、厚度、面积、方向、距离、排列和组合的变化开始，从文字的独特规律中寻找有意义的表达形式，并通过字体之间的关系反映产品包装设计的主体。在设计过程中，不同内容的文字需要不同的表达形式，这体现在字体大小和字体与字体的关系、文字和图形的关系、文字和色彩的关系等。

在文字变化方面，也有很多具体的方法和形状，如形状变化、结构变化、笔型变化、版面变化等。

包装文字设计的原则主要包括以下几个方面。

（一）突出商品的个性

文字设计与图形和色彩设计一样，首先应努力反映商品的属性和个性。不同的商品有自己的特点，不同的设计和个性表达，也会给人不同的心理感受和情感印象。因此，在产品包装的文字设计中，我们应该注意商品与文字设计之间性格、气韵上的一致性，以及对先前形象的默契，从而使包装上的文字设计突出商品的形象，突出商品的物质属性和文化特征，实现形式与内容的统一。例如，运动品包装设计经常使用充满活力的字体、历史悠久的传统产品主要使用书法字体来传达情感和想法。例如图4-4所示为某茶包装设计，采用中国书法的传统形式来表达包装的主要文本，充分表达了悠久的文化内涵。

图4-4　茶叶包装设计

因为文字有着悠久的历史，经过多年的锤炼，字体本身就具有图像的美。但是，如果我们以商品特征的表达为前提，也应该对文字进行特殊的艺术处理，使字体设计在符合商品属性的前提下，具有鲜明的形式感和美感。

（二）确保易读性和可读性

文字最基本的功能是传递信息，它的最终目的是阅读。无论产品包装上的文字使用何种设计处理，包装上的文字的易读性和易读性都必须提高，不要让人们“猜谜语”。因此，在字体设计中，我们应该确保字体本身的书写规律，只在某些部分进行夸张、变形、替换等更改，以确保文本的可读性。同时，我们应该让消费者更容易阅读文字，提高产品包装信息的识别和选择拥有合适的字体、大小、字距、间距和风格，确保消费者在阅读文本的过程中感到轻松愉快。

在字体设计中，由于装饰和修饰的需要，经常需要使用不同的表达方式来改变文字。但是，这种变化装饰应该根据标准字体的具体需要对字体进行修饰，并且文字的基本形状不能被篡改。此外，为了提高包装信息的直观性，必须在包装上的文字中注意字体应用的大小，以确保它能在短时间内被识别。简而言之，包装上的文字必须易于阅读、识别和记忆，尤其是老年人和儿童商品包装上的文字。例如，在化妆品系列的包装设计中，虽然品牌的字符是通过装饰的方式设计的，但它仍然保留了字体的基本特征，这为观众的识别和阅读带来了便利，如图4-5所示。

（三）可识别性和易懂性

字体的主要功能是表达意思，所以包装设计中的文字先要能让客户识别和易懂。在字体使用各种手法进行装饰时，不应违反文字的基本规则。例如对字体扭曲设计可以使字体具有动态感，改善字体装饰，赋予字体动态的规律感，但变形的字符不会影响识别和阅读。

字体设计的易懂性体现在设计中的字体应避免复杂和凌乱，使人们易于识别和理解。它不应该是为了设计而设计，忘记字体设计的根本目的是更好、更有效地传达企业认可和易懂的效果和。

图4-5 化妆品包装

（四）注意字体的个性

包装的字体设计应具有个性特点，但前提是需要具有识别性。字体本身除传递商品信息的本质功能之外，还可以作为一种设计元素组合画面，表达丰富的情感，增强消费者对产品的信誉度、可辨识度和视觉冲击力。个性化包装字体主要有书法字体、印章艺术字体、美术字体和外文字体四种，每种字体的使用都是由商品所要传递的信息和企业文化背景所决定。其中，书法字体本身具有丰富的文化底蕴，同时富有强烈的个人情感，不受任何形式的约束，在书写时可根据个人的风格自由生动的书写，也可以以结构和样式的自由变换。书法字体在包装设计中应用，可以增加包装的艺术情趣，使商品具有深厚的文化内涵（图4-6）。

图4-6　粽子包装设计

品牌形象的字体不仅具有个性，还具有象征性、变化多、装饰性。突出醒目的字体和独特而有趣的排列形成了强烈的视觉冲击力，排列在产品包装的主要展示面上有十分迷人的效果。对于广告文本，可以使用稍加修改的字体，简单但不富于想象力，这样消费者就有了信任感。同时，关于表现层次的方式，让读者的视觉处于流动状态，并判断主要和次要信息。

总体来说，个性文字作为视觉传达的一种元素，在产品包装的视觉传达中，可以以各种方式唤起消费者的共鸣和记忆，它们的使用可以巧妙取胜，具有独特的风格。

（五）遵循团结、和谐的原则

为了丰富产品包装的视觉形象，我们经常在包装设计上选择不同的字体。无论我们选择的字体有多好，语言的美仍然取决于良好的形式，为了使编排更加完整，为了加强品牌形象，我们通常应该选择不太多的字体，两个或三个就可以了。此外，文字的选择应该与其他元素相协调，否则会很混乱，缺乏完整性会影响品牌整体形象的表达，因此在产品包装文字的设计中遵循统一与和谐的原则非常重要。

为了丰富包装的图像效果，有时会使用不同的字体，所以字体的匹配和协调非常重要。包装中的字体类型不能用得太多，否则会给人杂乱无章的感觉。一般来说，最好使用大约三种字体，并应区分每种字体的使用频率，以突出重点。为了协调汉字和拉丁字母，我们应该发现两个汉字之间的对应关系，从而在同一个图像中获得统一感。当然，人物的大小和位置不容忽视，应该既有对比又有和谐，从和谐出发，掌握字体之间的相互协调。

（六）文化内涵

汉英文字都具有丰富的文字风格和民族文化特色。因此，产品包装上的文字不仅具有形象美和传递信息的功能，还可以通过鲜明的个性反映各民族的文化内涵，从民族心理上深刻触动消费者的审美情结。例如，书法经常被用于传统产品和具有民族特色的产品的包装，通过笔墨的魅力展现民族文化特色和民族气质。

四、包装设计中品牌字体设计的变化范围

品牌字体的设计需要在一定范围内进行，主要包括以下几点。

（1）形状改变。通过拉伸、压平、倾斜、弯曲、立体角度等方法，改变文本的外部结构。对于复杂形状或与文本本身形状有较大间隙的形状，尽量避免使用它们。

（2）换笔。各种基本字体都有自己的笔型特征。例如，汉字中的宋体具有毛笔字体特征的变化，这具有装饰效果，而黑体则没有。在设计品牌字体

的笔型变化时，必须注意变化的统一性和协调性，保留主笔的基本绘图和书写规律。

（3）结构变化。字体的基本结构通常是高空间强度、均匀编排、均匀重心，并位于视觉中心。改变文字笔画密度或文字重心可以使字体变得新颖别致。需要注意的是，在改变字体结构时，应确保变化的一致性，以避免混乱的影响。

（4）排列变化。打破原有的文字规则排列，重新排列顺序，可以使品牌字体呈现出新的活力和生命力。也可以调整字符之间的距离，以形成独特的视觉效果，但它必须符合人们的阅读习惯。

五、包装设计中的品牌字体设计的表现手法

字体设计有很多表达方法，最常用的有以下几种。

（1）笔型装饰：具有图案、线条变化和笔型立体装饰的特点。

（2）改变字体：对品牌字体的整体形状进行透视、弯曲、倾斜和宽度的改变。

（3）透明叠加和叠加：将文字与图形或文字与文字叠加，并显示形状的相交部分，从而使字符之间的关系更紧密，强调层次感和完整性。

（4）借笔和连接笔：借笔指的是使用普通的形状，使一般的品牌字体形状更简洁有趣。连接笔提高了立体的感觉，这种技术对文字之间的连接有很高的要求，并不适用于所有单词。

（5）断笔和缺笔：断掉或省略文字中的个别次要笔画，并注意保持可读性。

（6）变化：在统一的整体形象中对个别部分或笔画进行造型变化，以使文字的意思更明显。

（7）编排变化：重组文字之间的配置关系，以提高活力和空间变化。可视化：将文字与特定的图像结合起来，使文字的意思更加暴露，便于信息传递，更容易记忆。

（9）空间变化：使用透视、光影、投影、空间旋转、笔画旋转等三维图像处理技术，使字体更具吸引力。

（10）笔迹：利用毛笔、钢笔等笔型的不同风格特征或纸的不同纹理来产生视觉风格的多样性。它的设计必须结合商品的属性和个性。

六、包装字体创意的设计方法

包装字体创意的设计方法较多，以下仅介绍几种以供参考。

（一）字与字之间的连接方法

字与字之间的连接方法可以是字与字之间外部的连接，也可以是字体中内部笔画的连接。这种方法在广告标题和网页中非常常见，通过连接相邻字体的笔画，可以快速提高设计感。需要注意的是，设计时必须根据文本的内容和特点，选择和设计可连接的部分或常用笔画。笔画可以长或短，字可以大或小，从而产生平衡与对称、对比与统一，充满韵律美的艺术效果。

（二）字体组合法

字体组合是指设计师通过字体笔画的变形或者文字位置的变换来创建艺术效果，要打破这种惯例，可以通过字体的位置和维度来实现跳跃效果，如横排或者竖排就是较为常见的使用方法。

（三）虚实相间法

运用这种方法可以让虚拟与现实相辅相成，从而构建一种现实与隐约可见的汉字形式。对于设计师来说，笔画简省就是将汉字烦冗的笔画或细部笔画省略，保留汉字的关键部分，触发对该字的完整感觉，而达到以部分来感

知整体的视觉效果。从而使字体本身更加简洁和现代。

（四）巧用笔刷

熟练而巧妙地运用Photoshop的插件工具，不仅不算偷懒，还是衡量字体设计师能力的一项重要指标！有经验的字体设计师会选择合适的笔刷来进行字体设计，以此达到修饰的作用，比如水墨效果和斑驳效果，让字体更加随意，体现中国风的主题。

第二节　包装设计的图形要素

一、包装设计中图形要素的意义

图形是包装设计的重要组成部分，在吸引注意力方面发挥着重要作用。在注意力方面，图形占78%，文字占22%。因此，在设计工作中，图形的成败是非常重要的。对于产品包装设计而言，图形与产品密切相关。通过对各种图形进行表现，不仅可以将优质产品的质量信息传递给消费者，还可以让消费者将产品的使用价值与丰富的型号信息联系起来，通过产品包装产生购买欲望。

在产品包装设计中，使用图形可以让消费者在不打开包装的情况下得知产品的大概视觉效果。比如食品包装，为了更好地反映食品材料的味道、味道和健康，通常在产品包装上印上食品照片，以直观地将食品的特性展现在消费者面前，激发消费者对食品的食欲。这也表明图形具有产品联想的功能：消费者在看到包装后，通过图形或照片作为视觉手段来理解产品信息，并通过联想思维将产品包装的形象与产品本身联系起来。

此外，产品包装设计图形还呈现了不同消费群体之间的一些本质差异，希望获得消费群体的认可，从而达到销售产品的目的，为企业带来真正的利益。例如，如果儿童产品对应的消费群体使用广泛传播的卡通、动态、美丽的图片，并掌握儿童天真、美丽、想象力和对未知事物的好奇心等自然和心理因素来设计产品的包装；对于年轻消费者来说，用时尚的传统图案装饰是包装设计的首选。

二、包装设计中图形的类型

包装设计中的图形内容是广泛的，包括人、动物、景观等。总而言之，它可以分为以下三类。

第一类是商标。商标是指公司、企业、生产者和产品用于区分不同制造商和经营者的商品和服务的商标。它是企业精神和品牌声誉的体现。在设计中应注意它的位置，以获得特殊的视觉效果。

第二类是主体图形。根据不同产品的特点，采用产品形象、人物、动物、植物、风景、卡通造型等图形占据包装主要视觉表面的主要位置。

第三类是相关的辅助装饰图形。它起到铺路和装饰主图像的作用，使用表面的点和线以及其他几何图形或纹理效果来丰富包装。

三、包装设计中图形的表现形式

为了使顾客能够直接理解商品包装的内容，包装必须以图形的形式再现商品，使消费者有视觉需求。包装设计中图形的表现形式主要可分为以下几种。

（一）运用具象形式

具体图形是对自然物体的直接描述，用最真实、最直接、最实用的文字再现原始物体的特征。在包装设计中，使用具体的图像可以提高编排的直观感。所谓具象图像是指直接收集自然界中的物体和图像，并根据编排的需要对其进行有意处理的图像。具象图像包含的内容非常广泛：物体、植物、建筑、风景、人物、动物等图像都属于具象图像的范畴。在包装设计中，使用具体形象不仅可以更准确地传达产品信息，还可以突出产品的形象，从而诱发消费者的购买欲望。

具体图形有多种形式，如摄影图像、写实描摹、漫画、卡通、装饰性概括等。

写实图形：写实图形不是纯粹的客观写实，而是使用写实技术根据表现选择要表达的对象，这比真实对象更完美。

图形的归纳和简化：是指在写实的基础上，对图形的层次进行概括、特征化和简化，使对象更简洁、清晰。

夸张的变化图形：它是一个基于归纳和简化的变化过程，不仅总结图形的特征，而且强调变形，使表现对象获得生动幽默的艺术效果。

（二）运用抽象形式

抽象图形通常是通过对自然图像进行总结、提炼和简化而得到的形式。尽管这种图形风格在外部形式上与原始对象的审美特征分离，但在本质上仍然保留了与原始对象相关的特征。在包装设计中，使用抽象图像可以丰富编排的视觉效果。例如几何符号、不规则线条等，其抽象图像效果丰富，装饰性强，它们常被用于产品包装设计中，具有强烈的时尚感。抽象图形有很大的表达空间，在包装图像的表达中有很大的发挥空间。虽然抽象图形没有直接的意义，但它们也可以传达某些信息，如改变点、线和面可以形成多种性能效果。

（三）具象与抽象相结合的形式

将具象与抽象结合起来使用，如半具体图形、抽象联想图形和包装结构的合理设计使用。半具象图形采用简化的图形设计，可以提醒人们包装盒中储存的食物。例如，在奶粉的包装中，图形中使用了“奶牛”的图像；橙汁包装，使用包装上的橙色图像，这些措施的目的是加强消费者的印象，并使用联想方法让消费者了解产品。抽象图形不具有可模仿的特性，它是图形在对事物和形状有了更深入的理解后转化而成的，因此它不涉及特定的图像，此类图形通常用于味觉产品和化妆品的包装设计。例如，在食品等产品的包装设计中，为了展示美味食品的真实性和可见性，往往会在包装盒上画上真实商品的照片，再加入抽象的橙色图形来表现口感，以加深买家的印象，增加他们的购买欲望。

四、包装设计中的图形运用要领

以下对包装设计中图形运用提出了一些建议。

（1）包装设计应注意信息传递的准确性。作为一种设计元素，图形必须把握主要特征，注重细节。

（2）包装设计应形成独特的视觉感受。在销售过程中，包装起着广告的作用；在设计中，包装不仅要传达内容的具体信息，还要具有鲜明而独特的视觉感受。

（3）包装设计应注意局限性和适应性。图形可以传达一些信息，但必须注意不同地区、国家和民族的不同风俗习惯。同时，应注意适应不同性别和年龄的消费对象。

（4）在设计包装时，我们应该注意图形和文字之间的关系。图形比文字更能吸引消费者的视线，因为它更直观。图形的应用和处理应避免编排的随机性，避免图形和文本之间缺乏主次关系。

五、包装设计中图形的创意思维方法

（一）具体形象思维方法

包装图形设计中具体形象思维方法常见的有以下几种。

1.模仿

许多设计发明都是基于对自然的模仿。例如，飞机是模仿鸟类制造的，潜艇是模仿游动的鱼制造的，人们甚至已经建立了一门完整的学科——仿生学。对于食品包装设计来说，模仿原材料的形象也是最生动、最直接的方法。模仿时，不可避免地要对对象进行提炼、总结和处理，而不是复制它们。设计过程也是设计思维的重新整合。萨拉·琼斯（Sarah Jones）设计了海洋包装的永恒设计，鱼罐头包装则是模仿鱼的形象，从自然中的鱼到简单生动的鱼罐头包装，设计师们的多少努力和汗水都浓缩在其间。

2.想象力

忘记事物的原始形象，只是为了把握事物的基本特征和理想化形象。例如，在开胃菜坚果的包装设计中想象力起到了很大的作用。在这里，各种各样的坚果盛开，成为一种有趣而时尚的形象。

3.组合法

组合法是一种设计方法，它将各种事物或产品中的必要概念进行整合，并重新排列，以产生新事物和新形象。常用的设计方法包括组合相同类型、组合不同类型、组合主和辅元素等。

4.移植方法

将概念、理论、纹理、功能、形状和构图转移到包装图形领域的其他类别，创造新生活的形象。用移植法创造的包装设计十分受消费者的青睐。例如，意大利面包装设计通常是塑料包装设计，但一位俄罗斯学生通过移植改变了这种刻板印象。他设计的好发型意大利面包装设计，主要图案是三位不同发型的女性，而这三种形式的发型构成了意大利面的三种形态，通过移植材料的方法，创造了一个全新的平面设计，消费者将牢牢记住该品牌。

（二）在包装图形设计上运用创新性思维方法.

在包装图形设计上运用一些不同常规的思维方式能够产生出其不意的效果，具体方法如下。

1.发散思维

发散思维展现了广阔的思维视野，呈现出发散的多维形态。我们可以从几个方面来思考同一个问题：它在传统实践中不是僵化的，而且更具创造性。心理学家认为，发散性思维是创造性思维最重要的特征，也是衡量创造力的主要标志之一。“有多种解决方案的问题”和“有多种用途的事物”是发散思维的重要形式。在人们周围，几乎没有什么东西从来没有在设计中出现过。我们必须对我们所有人使用的元素展开新的设计，这样人们就可以拍拍头惊叹：“为什么我没有想到它？”这样的想法太棒了。设计不会盲目追求荒诞或震惊，但生活的创造力往往是最令人感动的。

要从生活中找到创意点，我们需要发散思维。发散思维是设计创新过程中的重要方法之一。伏特加酒瓶包装的绝对平面设计是一种发散思维的设计模式，融合了节日、城市、人物、当下生活等元素，创造了无数经典的包装图形，其中包括一款在中国销售的倒福字包装产品。优秀的包装和广告使其成为当时美国第一大伏特加品牌。

设计中常用的发散思维方法包括“头脑风暴”“思维地图”等。头脑风暴法是美国学者奥斯本在1939年提出的一种创造性方法。发散思维的贡献是为收敛思维带来更多的可能性。如果想保证发散思维的质量，知识和日常经验的积累是必不可少的。在设计中将包装图形的关键词列为中心进行发散式头脑风暴法，有时会带来超乎想象的设计灵感。

2.收敛思维

收敛思维又称集体思维和共同思维。收敛思维是一种集合了与包装主题相关的概念、材料和数据的包装图形创意。这种思维方法运用理论和经验完整系统地解决问题，是一种漏斗式的思维方式。

发散性思维是一种以问题为中心的辐射式扩展，而收敛性思维恰恰相反。这两种对立的思维方式进行了辩证的结合，为平面包装创意的普及和深入分析奠定了基础。

收敛思维类型包括抽象与提炼、综合与分析、类比与比较、归纳与演绎、定性与定量等。例如，大岛优子的橙皮包装设计将果汁的外包装与橙皮结合起来，因此饮酒者可以一边欣赏图案，一边品尝原汁的特性。这幅包装图成功地运用了收敛思维的类比技术，以生动有趣的方式熟练地表达了基本思想。

3.逆向思维

逆向思维就是逆向去思考，它是以一种大多数人不会想到的方式思考。在包装图形的创作中，我们要敢于“逆其道而思”，让思想向相反的方向发展，深入研究问题的相反方向，创造新的形象。

反向创建包装图形通常是“合理和意外的”。人们常说，设计中的第一个想法通常不是一个好主意，因为大多数其他人都会提出类似的想法。逆向思维可以克服思维定式，打破通常的思维模式，解开僵局。

逆向思维在包装图形中的应用具有相反属性的转换。只要对立统一法则存在，逆向思维就可以实现。

（1）相反属性的转换。

相反属性是指两个具有相反属性的对象交换，以创建新的视觉效果，例如大与小、快与慢、轻与重等。

（2）结构和位置的转变。当某个东西出现在不该出现的位置时，它必然会引起人们的注意：无论是带有突变的异物，还是设计师精心组织的视觉陷阱，我们只有在仔细阅读后才能知道。除了出现在报纸、电视和其他媒体上，新闻还能出现在哪里？吉野的饮用水包装设计表示，它也可以出现在瓶装水上。这是日本为吸引年轻人关注新闻资讯而专门设计的饮用水包装。

（3）过程的逆转。事物的发展有一些规律，有些过程是可以改变的，有些是不可逆转的。大声宣布显然不可能的事情是有道理的，这反映了一种独特直觉的智慧。

（4）理论颠覆。颠覆在理论上优于以往不同类型的反维反射方法，它不仅能给人们带来视觉冲击，还能直接震撼人们的心灵。例如，2013年，比利时德尔哈伊兹集团的汤类包装设计赢得了金牌。这一系列的包装图案颠覆了对汤的传统理解，直接呈现了原料，结果令人震惊。

通过不同的思维方式，我们可以创造出令人眼花缭乱的包装平面设计。当我们在创作迷茫时，最好改变思维方式，思维方式决定出路。它也适用于包装平面设计。

第三节　包装设计的色彩要素

一、包装设计中色彩要素的意义

色彩作为产品包装设计中的一个重要元素，不仅美化了产品包装，而且在产品营销过程中起着重要作用。面对店里琳琅满目的商品，消费者肯定能被造型独特、色彩抢眼的外包装立即吸引。优质包装的主色将引起消费者的特别关注，引导消费者通过色彩动人的商品包装，联想到商品的精美、动人之处，从而产生购买欲望。因此，在设计产品包装时，我们需要注意色彩的重要作用，以便在匹配产品包装色彩时，包装设计师可以尝试使用符合产品属性的色彩，其定位和档次可以迅速吸引消费者的注意，从而使企业商品在同类产品的销售中更具竞争力。

产品包装的优良色彩不仅可以美化产品，引起人们的注意，使人们在产品采购过程中有良好的审美享受，同时也起到了产品广告的作用，使人们在不经意间注意到了产品的品牌。利用这一效应，我们根据商品本身的特点，在市场上设计定制的彩色包装，能够迅速吸引消费者的注意力，从而吸引消费者的注意力（图4–7）。

图4–7　包装设计中的色彩表现

在产品包装设计中，色彩扮演着非常重要的角色。它可以创造出有吸引力、清晰和比较的效果，帮助人们更好更快地阅读，并“吸引”人们的注意力。同时，它还可以强调信息的设计和解读，表达情感或感受。包装色彩还可以提高记忆力，当人们多次受到相同信息的刺激时，他们会形成一个相对坚实的记忆。同样的色彩可以在包装中给观众留下深刻的印象。整体感觉是华丽还是简单取决于包装色彩的整体色调。总色调是根据色调、明度和纯度等基本色彩属性直接反映出来的，如明度、暗度、新鲜度、灰色、冷淡度、强调度、柔度、硬度、厚重度等。

二、包装设计中的色彩搭配要素

（一）色调

色调是图像上色彩配置的总体趋势和情绪，它是色彩组的主色，在整个图像中占据绝对优势。包装要求在远距离货架上立即获得消费者的视觉关注，这需要强烈的总体色彩感来配合。包装的整体色彩感觉是华丽还是简单取决于包装的色调。因此，色调是包装色彩设计的基础。

（二）对应

色彩与包装的对应关系是指外包装的色彩可以揭示或反映内包装，使人们基本上可以看到外包装感知或联想到内包装。这是色彩情感与包装形象的完美结合，即从色彩中感知形象，从形象中联想色彩。色彩设计要求色彩的统一性和产品的主要功能。适当的色彩组合将对促进产品销售起到积极作用。

（三）色彩对比

在许多商品包装中，色彩和色彩之间的对比是最简单的表达方式，但很难把握。商品包装一般有以下几个方面的比较：色彩深度比较、轻重比较、点与面比较、复杂与简单比较、时尚与普通比较、反差比较等。好的色彩对比能增加商品的包装效果，从而促进消费者购买。

（四）标准色彩

标准色彩是指企业为塑造独特的企业形象而确定的特定色彩或一组色彩系统。它被用于所有视觉传达设计媒体，通过独特的感知刺激和心理色彩反应来表达企业理念和产品及服务的特点。标准色可以强化品牌形象，比如可口可乐红和麦当劳黄。在包装色彩设计中，标准色是不可忽视的。

（五）色彩禁忌

色调设计要求应与不同地区和民族的色彩偏好和禁忌相一致。它应该能够适应这种变化，顺应时代潮流。在色彩设计中要充分考虑这些传统习俗，使产品更受欢迎，尤其是出口商品，我们应该尊重其他国家或民族的习俗。

三、色彩的心理感觉在包装设计中的分类

21世纪是设计的世纪，包装设计也迎来愈发繁荣的时代，色彩是包装设计的重中之重。不同的视角有不同的观点，相同的事物在每个人的心中有不同的感受，当然这不同的感受中也有相通之处。色彩设计与人们的心理感觉之间的微妙结合，能够快速地向潜在顾客传递出产品类别和市场目标信息，例如许多产品的包装通过色彩告诉我们，该产品的销售对象是男人还是女人、老人还是小孩、高收入群体还是低收入群体。另外企业的同一产品常常采用不同的包装色彩，就是通过色彩的差异化来针对不同市场的销售。

因为人们在日常经验和教育经历等方面都有相通性，所以人们对于颜色的接受力和理解力等方面具有相通的认识。这里将色彩带给受众的心理感觉分为直接的具象感觉和深层次的抽象感觉两种。

（一）色彩的具象感觉

具象感觉是指具体的感觉，它是直接的、感性的和较浅的，即消费者看到产品包装的颜色后立即产生的心理影响。

色彩设计可以给人一种温暖和寒冷的体验，有温度感。例如，蓝色与干净、平静和寒冷有关；红色会带来敏感、热情和冲动；黄色是平静、明亮

的。红色、橙色、黄色等让人想起太阳或火焰的颜色，属于暖色系；蓝色、青色、紫蓝色和等让人想起大海或天空的颜色，属于冷色系；绿色、黄绿、紫色等颜色没有明显的冷暖趋势，它们既没有热感也没有冷感，我们把它们归因于中间色。

色彩设计可以带来与人们心理相关的重量体验。不同颜色的重量感与色调和亮度有关，其中亮度起着重要作用。亮度越高的颜色越浅，亮度越低的颜色越重。例如，蓝色、青色、紫蓝色和其他类似的冷色使人感觉相对较轻，而红色、橙色和黄色等暖色则较重。

色彩设计会让人有一段艰难的经历。包装颜色的色调和纯度会影响其软硬质地。不同色调的硬度不同，例如紫色比黄色硬。此外，亮度越高的颜色在心理上越柔和，而亮度越低的颜色则感觉越硬。此外，暖色感觉柔软，冷色感觉坚硬。

颜色能让我们直接感到兴奋和平静。兴奋和平静是人们的心理状态，但也可能与颜色刺激有关。颜色的兴奋和平静主要取决于纯度和亮度。高纯度和高亮度的颜色容易让人兴奋，相反，它会让人平静。此外，暖色的感觉更兴奋，冷色的感觉更平静。当然，不同的颜色受色调、纯度、明度、位置、环境、观众期望等因素的影响，会展现出不同的视觉效果和心理感受。

（二）色彩的抽象感觉

抽象感觉对应于具象感觉，它是一种深刻的心理效应，通过受众的感知进行理性的阐述。抽象情感不是一种简单的应激情绪，而是与人们的生活习惯和思维习惯密切相关的。例如，黑色象征着绝望和痛苦；白色象征死亡和厄运；绿色象征着和平和保护环境；红色象征好运。在我国的京剧作品中，人物面部的颜色可以象征人物的性格。例如，黑色脸妆代表勇敢、力量和正义的性格；红色脸妆代表人物形象的忠诚或热情；紫色代表人物的朴素和诚实；金色和银色脸妆代表庄严或神性。

明确包装的颜色，例如饮料包装上的蓝色可以给观众一种凉爽、解渴、愉悦的心理感受；茶盒上的红枣给人一种文化传承、宁静、典雅、沉着的感觉；饼干包装上的大中黄色区域给观众一种健康、爽口和食欲的心理感觉。

这些原本简单的色彩没有这些复杂的含义，但经过一系列的想象和联想，我们有了这些美妙的心理感受。

经过我们的心理分析，颜色可以给我们带来一种四季的联想。根据季节的特点，在一个季节中结合代表性的颜色可以提醒人们这个季节。

例如，更绿的黄色和淡淡的红色让我们想起春天的嫩芽和活力；紫色与绿色再加一点红色象征着夏天的阳光、温暖、丰富和活力；橙色、黄色和灰绿色让我们想起秋天的树叶、成熟的水果和庄稼；白色、蓝色和一点灰色让我们感觉我们来到了一个充满冰雪的寒冷冬天。

色彩也会给人们带来一种光彩和温柔的感觉。中国传统美学的核心是关注极致的辉煌，回归朴素，这两种极端的美可以找到相应的颜色。颜色的亮度和亮度主要由纯度和亮度决定，高纯度或高亮度颜色的感觉更华丽，低纯度或低亮度颜色的感觉更平淡。

颜色也让人想起复杂的味道。将食物的代表性颜色组合在一起可以提醒人们食物的味道。例如，为了表达甜味，可以将成熟水果的颜色组合起来，比如红色、橙色、黄色和其他明亮的颜色；为了表达酸性，可以将绿色、绿黄色和杏黄色结合起来；为了表现涩，可以将一些未成熟水果的浅绿色、灰绿色和其他复杂颜色结合起来。同样，如果将传统中药或咖啡的棕色、黑色、灰色等低纯度和低亮度的颜色结合起来，人们会想到苦味；如果把红色、深红色和绿色结合起来，人们会想到胡椒，那么他们自然会想到辣味；如果海水与蓝色和盐白色等高亮度颜色混合，可以产生咸味。我们每个人的心理感受都有许多共同的特点，但在个人生活环境、受教育程度、文化素养、审美取向、宗教信仰等因素上都有所不同，导致了一些不一样的个体感受。

四、包装色彩的设计原则

（一）独特性

包装色彩的应用不能简单化和公式化。现代包装设计中的一些色彩应该根据它们的属性来搭配，但图像的色彩效果表现较为普通，因此设计师往往会做相反的事情，使用非常规的色彩从相似的产品中呈现出他们产品的色彩。这种色彩处理使我们的视觉特别敏感，更令人印象深刻。例如，奥利奥品牌饼干的包装设计，主色调为蓝色，辅色调为黑色，色彩非常独特。

（二）视觉传达性

视觉传达是指产品包装色彩设计能够更有效、准确地传达商品信息（图4-8）。色彩不仅具有强烈的视觉冲击力和捕捉人们视线的能力，而且使消费者更容易、更快地阅读原产品信息。在设计产品包装色彩时，设计师必须根据公司品牌色彩识别系统，结合市场调研和分析定位，运用对比度和色彩和谐度，使包装设计直观、醒目、易读。

图4-8　包装色彩的视觉传达性

（三）系统性

包装色彩设计是一个全面而系统的规划。色彩与色彩之间、色彩与图形之间、色彩与文字之间、产品之间、局部与整体之间、系列包装之间的相互作用，直接影响包装的整体色彩效果。产品包装的色彩平面与企业形象系统的设计必须相互匹配，并与企业的标准色和象征色保持一致。

一方面，企业品牌色彩的设置和放置应体现时代感、视觉美、社会责任感和道德感，具有较高的思想境界和艺术品位。另一方面，在表达企业的商业目的时，色彩对应应简洁、易懂、有感染力，体现高雅的文化品位。总之，公司品牌的色彩搭配应具有高度的目的性和优雅的表现力（图4-9）。

图4-9　产品包装色彩的系统性

（四）时尚性

时尚是指在一定的社会范围内，在一定的时间内，在大众心理的引导下，在一定的社会范围内广泛传播赞美的流行趋势，包括流行的色彩、流行的商品、流行的思想和流行的生活行为。在时尚消费方面，年轻人容易被时尚引导，追求新的变化和时尚。其中，色彩最为明显，大多数人喜欢和追求的色彩成为流行色。包装色彩设计时尚也注重流行色彩，因为大多数消费者更喜欢具有强烈流行色彩感的色彩，所以在产品包装设计中，色彩应用应适当考虑流行色彩对设计的影响，始终关注流行色彩趋势，走在时代前列，引领新时尚，但时尚的主要元素还包括包装的风格和形状。例如，迪奥荒野男士淡香水2016的包装设计：沉重的玻璃瓶身像黑夜一样黑，逐渐从深黑变成烟灰，具有很强的时尚感；瓶壁上喷了一层薄薄的银粉，让精致的镜子感觉栩栩如生。黑色漆褶瓶盖，顶部印有迪奥“CD”品牌。

（五）醒目性

为了促进销售，包装首先应该吸引消费者的注意，因为只有吸引消费者注意的商品才能购买。因此，包装应采用新颖独特的形状、鲜艳抢眼的色彩、美观精致的图案和独特的产品，以达到引人注目的效果，确保消费者第一眼就有强烈的兴趣。

这种独特而新颖的形式可以吸引更多消费者的注意。例如，酒瓶的形状通常基于圆柱体。当酒瓶的笔直形状出现时，会产生令人惊讶的效果。有些酒瓶也使用自由曲线，自然优雅，就像跳舞的仙女；有些酒瓶使用模仿图案，设计复杂或人性化，在一批圆柱形和长方形酒瓶中看起来非常突出和美丽。

色彩之美是人们最容易感受到的。一些营销人员甚至认为色彩是决定销售额的第一个因素。在长期的市场调查中，他们发现一些色彩，比如产品包装，会让产品出人意料地难以销售，灰色就是其中之一。他们认为这是因为灰色很难让人兴奋，当然也很难产生购物的冲动。红色、蓝色、黑色和白色是四种主要的销售色彩，这是在制作和比较红色、蓝色、白色、黑色、绿色、橙色、黄色和棕色的图像时发现的。以红色为例，它有多种图像，是与生命关系最密切的图像，如太阳、火和血。因此，红色是最令人兴奋的。蓝色、白色和黑色也与太阳密切相关。太阳总是高出蓝天，黎明时分，当太阳再次升起时，东方的天空变成了白色。红、蓝、黑和白是主导我们日常生活节奏的重要色彩，作为一种销售色彩，可以引起消费者的兴趣和兴趣。这种分析是合理的。

五、包装色彩与营销

传统的营销方式往往会让成熟的消费者越来越反感，并采取更加谨慎的购买行为。色彩营销具有一种无形但非常有效的沟通功能，可以使消费者自然产生购买行为。

（1）包装色彩。消费者在购买商品时，其识别和记忆功能往往受到包装色彩差异的影响。使用清晰可识别的色彩将有助于消费者识别不同的产品，并做出更快的选择。当消费者第一次注意到商品的包装时，他们会有意或无意地注意到它。因此，原产品包装的色彩应反映其特点，并为消费者留下深刻的视觉记忆，以便他们下次能根据包装快速购买相同的商品。同时，它还缩短了商品交易时间，加快了商品销售和产品流通。

（2）包装价格与色彩分类的功能。包装色彩分类的功能源于色彩的相互差异和色彩习惯的优缺点。它通常用于包装同一品牌系列的商品。当公司使用相同的色彩和隐藏的标志时，它将与同一品牌混淆。如果使用不同的包装色彩来区分它们，则可以有效避免此类问题。例如，在中国的文化习俗中，古代皇帝使用的紫色和金色通常被用作高贵的色彩，许多西方国家也使用这两种色彩作为奢侈的象征。因此，当色彩用于识别同一品牌不同价格水平的商品时，紫色和金色通常用于识别价格较高的商品。包装色彩分级在原产品价格中的作用可以为制造商的包装、商家的销售和消费者的购买带来便利。

（3）原产品包装中的色彩可以提高消费者对产品的信心。通常，当消费者第一次接触商品时，决定是否购买商品的一个重要因素是是否信任产品的质量。消费者在购买商品之前，首先会对商品的外观进行自我研究，以判断商品质量的可靠性，从而决定是否购买。这就要求设计师根据产品的特点来搭配包装的色彩，使产品包装体现出产品可靠的质量感觉，确保消费者有信任的心理。例如，用金、银、灰等色彩制作高端珠宝、护肤品等产品，不仅能激发商品高贵典雅的气质，反映产品本身的色彩特征，还能让消费者对产品的质量有信心，这有利于购买行为。

（4）色彩在扩大原产品知名度、树立品牌形象、扩大产品知名度、树立良好品牌形象等方面的作用是每个企业都在寻找的。例如，百事可乐使用蓝色作为可口可乐的包装色彩。蓝色代表青春、活力和积极的生活。当人们看到蓝色包装的可口可乐时，他们自然会想到百事可乐，并形成一个不可磨灭的品牌形象。在开发过程中，许多知名企业也使用能够代表品牌形象的固定色彩来包装产品，在消费者心中形成色彩记忆，树立良好的品牌形象。

包装色彩设计过程也受到当前市场、环境、文化、时尚等因素的影响。无论色彩设计多么大胆和创新，我们都应该遵循安全、可视和易于识别的原则。如果我们盲目地抛弃所有的色彩规则，只追求视觉刺激效果，很可能只会达到耸人听闻的效果，甚至让消费者反感。设计师在考虑色彩敏感性时需要更多的理性。包装的色彩设计符合商品本身的属性、定位和特点，从而真正达到积极营销的目的，达到消费者的认可和喜爱。

六、包装色彩与卖场

色彩对环境编排和商店形象的塑造有很大影响。为地板、天花板、墙壁、柱子、货架、柜台、楼梯、窗户、门等设计相应的色彩。商场的色彩和卖家的服装，从而形成店铺色彩的美观协调的视觉效果（图4–10）。

图4-10　卖场

不同原产品独特的色彩语言使消费者更容易识别原产品并产生亲近感。

例如，在超市里，食物放在暖色货架上，清洁产品放在冷色货架上，化妆品放在时尚安静的货架上。这种色彩趋势可以反映在商品本身、销售包装和广告上。通常，只要看到广告的色彩，就可以大致判断广告是什么样的商品。色彩对顾客的影响主要包括以下几个方面。

（1）色彩影响空间感和重量感。色彩可以增强或削弱商店的空间感和重量感。例如，墙壁明亮的色彩会让人感觉年轻、充满活力，适合时尚休闲的品牌；厚重的彩墙让人感觉稳重庄重，更适合经典、大气、优雅的服装品牌。

需要注意的是，商店的天花板、地板、货架和广告的色彩必须尽可能协调，以使人们感到新鲜和放松。色彩浓重的商店也应该把明暗结合起来，否则它们会显得太压抑，让人觉得无聊，抑制他们的购买欲望。

（2）这种色彩营造出冷暖的错觉。暖色常使人产生温暖快乐、热情开朗、活跃、兴奋等心理反应。冷色会使人产生平静、清新、远见和冷静等心理反应。

事实上，冷色和暖色可以进一步区分，例如，冷色的色彩可以分为庄严的色彩和充满活力的色彩。比如，黑色、灰色等色彩让人感觉庄重稳重，而蓝色、绿色等鲜艳的色彩让人感觉活力四射，最适合一些时尚品牌。暖色分为热烈暖与温情暖两种。例如，酱红色的墙壁会让商店充满魅力和温暖的情感，而黄色和橙色的墙壁会让人感到温暖和浪漫。

（3）如何使用商店的色彩。商店色彩的使用必须与商品本身的色彩一致。商业商店的货架、柜台和展示用具需要为原产品销售提供色彩配合和支持，从而触发原产品，吸引客户。例如，在销售化妆品、玩具和其他色彩鲜艳的产品时，应选择明亮、时尚的展示灯具，以避免吸引客人，并掩盖商品本身的美丽色彩；在销售家用电器、珠宝和工艺品时，可以使用色彩丰富、对比强烈的商店色彩来突出产品的艺术魅力。

根据不同色彩的人的心理反应，色彩可以用来在商店里创造良好的购物环境。对于商店中不同的产品区域，可以使用不同的色彩触发商品。例如，在水产品领域，柜台和墙壁可以设计成蓝色或绿色，让消费者沉浸其中；谷物和油料区的货架设计为黄色或橙色，给消费者一种收获和丰富的感觉；电器区域的后墙可以设计为粉色或粉蓝色，这有利于选择安静的消费品；特别是，空调和风扇商店可以设计成绿色、蓝色或白色，让消费者感到清新。放松，放松。

第四节　包装设计的编排要素

一、包装设计中编排要素的意义

包装编排设计就是根据包装的创意策略和具体特点，按照一定的视觉逻辑，将品牌标识、产品名称、图形等多种元素有效地组合和组织起来，从而将原产品信息清晰、快速地传递给消费者。包装编排设计包括产品形式美的组织、形状结构的形状以及文字、品牌、图形和颜色的艺术设计。包装编排设计的任务是利用制造商提供的信息，以适当的文字、插图和颜色设计产品的包装结构、容器和装饰，从而使产品包装的表面组成具有动态性，对消费者视觉产生影响，吸引顾客的注意力，从而引起购买行为。

二、包装编排设计要求

编排形式的风格是受时代的人文因素、物质因素、功能因素所影响。人文因素主要由人类的文化背景、民族特性、生活习俗、宗教信仰、价值观念等构成；物质因素主要由材料、加工工艺、科技水平构成；功能因素主要由信息传播的内容、方式、数量、对象、地域等构成。这些因素互相交叉重叠，相互影响，形成了具有动态和变化万千的编排风格形式。

在确定编排风格后，包装编排设计的要求主要体现在以下几个方面。

首先，包装的平面设计应与公司标识相统一，应考虑相应的颜色、文字等环节，并表达品牌和公司的形象。

其次，包装必须美观，文字可读性好，适合相应的公众和市场，并且必须制作实物模型。

第三，包装可以是二维设计，但它取决于三维可视化。应考虑各方的影响，不得遗漏信息，如制造商名称、产品名称、含量、重量和其他相关信息。

第四，注意多个包装一起放置和展示在货架上，这与产品系列的其他样式一致。

三、包装编排设计的原则

（一）整体性原则

这种安排的目的是解决包装容器表面各种元素之间的主次关系和顺序，从而使它们成为一体。包装设计的形式美就是建立在这个基础上的，这也是编排的根本任务。

在单个包装的安排和设计中，首先要考虑主次关系和顺序协调。主显示面是显示主图像的地方，主图像可以包括品牌名称、标准图形和广告语言，解释性文字放置在其他显示面上。除了突出显示主图像外，主显示表面还必须考虑比较主表面和次表面中的设计元素。如果产品包装主表面上的信息和图形必须反复出现在产品包装的次表面上，则它们的尺寸不得超过产品包装主表面上的图像，以免损坏整个装置。顺序是各种设计元素位置的协调，使它们有有机的联系，从而更好地体现主次设计的融合，产生统一的形式美感。

大规模包装的完整性体现在包装个体之间的关系上。虽然同一系列包装设计中的设计区域和产品不同，但设计师应主动在设计元素之间寻找编排特征和表达方法，发现需要突出的共同信息，统一表达，形成关联。从不损害个体形式本身完整性的前提出发，一系列商品的设计相互之间形成整体的、连贯的效果。

包装完整性也可以通过图形的连续性来实现。主次侧或部分侧的图形是连续的，也称为横向设计。当不同单体包装在商品展示中并排展示时，可以扩大展示广告，增加视觉冲击力，产生意想不到的效果，具有很强的整体性。当然，跨度的设计不仅要考虑多个立面的组合效应，还要考虑每个立面的相对独立性。

（二）差异原则

差异原则是通过改变形状和打破设计元素的排列来完成的。包装本身的独特形状为包装设计的差异提供了基础。形状的变化使包装具有独特的编排区域，如不规则的正面、阅读元素的横向面等，形成独特的个性化风格。要突破设计元素的安排，通常需要大量的材料积累，对民间、民族、传统、时尚等多种设计风格进行包容和综合运用，从而与同类产品形成一定的差异。例如，雀巢巧克力包装的特色设计，每一种独特的颜色都代表一种味道，比如胡椒红、薄荷绿，它们以鲜艳的颜色吸引并感染公众消费。

（三）协调原则

完美而独特的编排设计形式应该与主题的思想内容相一致。二者的相互协调和统一是编排设计的首要前提。我们不能只追求纯粹形式的表达，也不能只关注内容，而没有完美的艺术形式，仅仅强调一个方面就会失去它的设计意义。

将图像元素与各部分之间的形式化手段结合起来，形成一个有序的整体，形成一个层次分明的视觉信息传递系统，从而实现更有效的阅读过程。在这个过程中，两者必须相互融合、统一，才能体现出正确的编排设计价值。形式感从审美的角度来看是抽象的，具有模糊的审美意义。从美学史的角度将形式美的规律与美的内容相比较，形式美的规律具有很大的稳定性和传承性。在审美文化心理的表达上，所谓传统风格与表达的民族性，是在继承的基础上，某种形式美与形式感之间最坚实、最稳定的对应关系的典型体现。此外，它的形态、审美观念和审美内容也会随着社会的发展而变化。在不同的历史时代和社会文化背景下的变化会有不同的标准。

改革创新已成为时代的主题，必须选择、批判、改造和发展那些不能适应时代内容的旧形式和旧技能。

（四）主题突出性原则

编排设计的目的是更好地传达信息。为了使诉求主题鲜明突出，我们应该注意编排的空间层次和主从视觉秩序。只有清晰明了，才能提高读者的注意力和理解力。为了提高对主题的关注和理解，首先要使信息的传递流畅，我们应该充分选择和分类相关信息，区分主次关系，然后进一步考虑设计和构建有序的视觉传达结构体系，并捕捉与主题相关的关键信息，以引导相关信息，从而科学地帮助公众更好地理解和记忆。

（五）趣味性原则

编排趣味主要是指形式美的趣味，是版面生动的视觉语言。版面的趣味性可以吸引更多的读者，打动读者，在信息传播中起到至关重要的作用。有趣的表达方式通常使用道德、幽默和抒情的表达方式。兴趣浓厚的版面往往巧妙地结合图像、图形和文案，以达到画外音的独特效果。在设计中的应用也可以实现此时无声的意境，让观众有无限的回味感，而趣味最能契合现代人的审美情趣。

（六）独创性原则

突出个性化特征和鲜明的个性风格可以称为编排的创意灵魂。编排设计力求在形象和创意上进行创新，创造生动新颖的版式风格，以引起观众的兴趣和喜爱。现代社会是一个信息爆炸、商业竞争日益激烈的时代。如何让设计赢得第一名，并在第一时间吸引公众的注意，已成为设计成败的关键。摆脱更多的共性，增强更多的个性，打破传统观念的简化，创造独特的视觉语言，是现代编排设计的重要课题。

四、包装编排的设计方法

包装编排有很多设计方法。下面只介绍几种更有效的方法。

（1）清晰的方法。每个包装都有自己的主题。包装编排应首先明确主题。

（2）主次分明法。除了主题元素外，主包装图像中还有一些次要信息，如广告语言、辅助图形等。这些内容必须与主题元素保持一定距离，主题元素在视觉强度上弱于主题元素。

（3）留白法。编排设计中的空置空间选用白色可以使图像更容易识别，给人一种舒适的感觉。巧妙地空白可以为观众提供舒适的阅读感受，更好地设置图形和文字，增强视觉效果。

（4）清晰纯净的设计技巧。在市场竞争激烈的今天，包装设计在销售环节中也非常重要，因此越来越受到重视。在包装编排的设计中，如果色彩处理能产生高可见度并触发文字是设计的主要优先事项。

除了单个包装的效果外，我们还应该考虑多个包装的堆叠效果，以及颜色在不同的市场和展览环境中是否充满活力和视觉冲击。

五、视觉要素的编排组合

为了获得最大的视觉强度并在竞争中占上风，包装往往采用各种方法将各种图形和文字有机地结合起来。它在编排上有着不同于其他平面设计的特点。

由于包装本身尺寸的限制，包装必须充分利用一切可用的手段，以合理、有竞争力的方式向消费者展示各种视觉元素和信息。在编排方法上主要从以下几个方面来分析和思考图像中各种视觉元素之间的关系。

（一）组合形式

这是组织不同元素的最简单方法。其模式主要是组合和重叠。组合是将图形和文本等元素组合在一组或多组不同大小的图像中，以使图像交错且密集。重叠是放大某些元素并相互重叠，让屏幕上的图形和文字拥有越来越多的显示空间，使屏幕结构更加紧凑。

在包装上，每个视觉元素都是一个形状。当组合和重叠时，图形和文本元素会出现完形与破形问题。完形是相对于破形而言，这意味着文本和图形不被其他元素覆盖和分割，而是有一个完整的图像，它主要用于突出项目，如公司品牌标识。破损的形状可以通过重叠或以“出血”的形式体现出来（出血是设计和印刷中的一个术语，指包装外的图形和文字的边界线）。破碎的图像可能是产品等重要的视觉元素，但也可能是一些次要信息。完形与破形可以灵活运用，丰富设计的视觉效果。

（二）组织层次与织体

层次结构基于“组合”，是对图像中各种元素的进一步概括和统一。

这里我们讨论层次和织体的概念，这实际上是一种分析和组织图像的方法。将图像分为几层，具体来说就是“组合”元素，首先将它们组织成基本单元，然后根据颜色、织体和形态进行划分，并在不同的层次上进行处理。层次结构可以是两个或更多级别。通过分层组织，在此基础上形成了丰富且组织合理的图形结构。

织体是更高意义上的图像元素的正式组织。音乐作品的织体是指作者将不同的音乐表现元素、旋律和音色组合在一个严密而庞大的系统中，具有逻辑性和内在结构。包装图像上的织体是为了有效地组织图像上的复杂元素。使每一层形成一个立体图像，并融入到造型、颜色和织体中。

层次结构和结构之间的结构关系如图4-11所示。

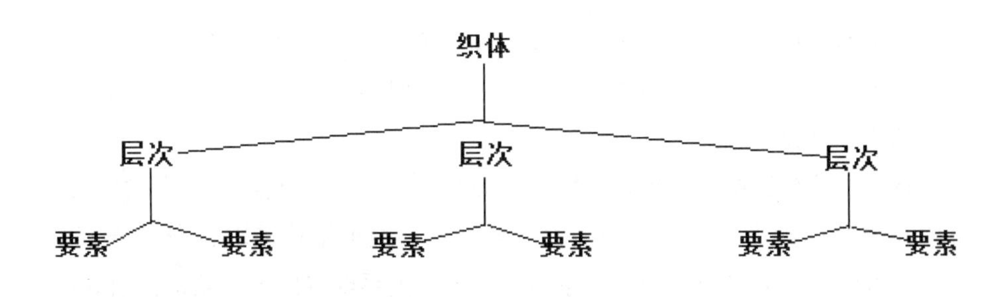

图4-11 画面织体的结构

图形的原理实际上来自客观世界。因为世界本身是一个按照不同的空间尺度和能量组织起来的复合系统。

包装设计的层次组织应体现视觉冲击力和形象丰富性；展示面料的平滑度和设计风格的独特性；注意视觉密度控制、色调处理和各种织体的比较。

由于整体画面的尺度较窄，包装设计一般不会组织太多层次，因为这样会使画面过于琐碎。

这里还提出了视觉密度的概念，这是包装设计的区别。视觉密度是指图像上图形和文本（信息）的密度。不同的包装有不同的视觉密度。食品、文具和玩具包装的密度通常非常高，各种信息都以最大化的图像显示在主立面上。化妆品包装通常是密度最低的设计之一。

（三）组织动势与视觉过程

任何对象图像和图像中的任何元素都具有动态力。它们存在于形式的延伸和扩张中，体现在要素与要素之间的平衡、比较和冲突中。这不仅是客观事物及其运动规律的心理联系，也反映了客观事物在理解和解读画面过程中缓慢而紧迫的运动过程和规律。例如，图像的形状和方向、肌理密度、颜色的明度和纯度会产生一种力量，引导人们的视线从一个点流向另一个，这叫作动势。

动势主要分为三种形式：流动力、张力和重力。流动力是元素图像在某一方向上的延伸和流动所产生的视觉感觉。张力是要素由于形体造型向四周张溢产生的视觉能量。重力是由于要素色彩的肌理，即重或轻，或向前或向后伸展的感觉。

各种动势往往组合出现在图像上，相互呼应，相互支撑，达到平衡。设计中总是有一种占主导地位的动力。设计师必须根据传播内容中规定的要求，处理好各种元素及其动势关系，形成主次关系明确的形象结构，引导消费者从头到尾有一个有序的过程，在图像的识别和解释过程中，最终达到转折点，这就是所谓的视觉过程。

包装设计中的动态处理是根据需要确定的。一些包装必须是稳定优雅的视觉体验，而另一些则必须充满活力和活力。

（四）不同的基本方案

（1）对称。这是最常见的编排样式。通常用于较为优雅的环境中，产品包装设计的主要用法。通常，基于中心轴，文本和图形对称展开，有时可以放置一些不对称元素。

在组织对称模式时，要注意图形与文字结合后，形状从左到右、从上到下的变化，并有一定的节奏感。

（2）平衡。这是可以在许多产品包装项目中使用的最简单的编排样式。这种风格是根据图形和文本的形状改变大小、数量、颜色、重量和其他关系在包装界面上均匀排列。设计师应协调图像的主要和次要元素之间的差异，以及实现视觉美和与内容对应的逻辑的强度。

（3）对比。这是一种使用相互比较设计要求的加工和配置组织方法，广泛应用于婴儿产品、食品等的包装设计中。它可以使包装具有一定的视觉冲击力。但是，在运用比较法时，也要注意各要素之间的协调统一，做到张扬而保持有序，喧嚣而体现章法。

第五章

包装设计的材料语言与立体造型

无法被制作出来的包装设计不是好设计。作为一个包装设计师，在进行设计时，不仅要考虑市场、视觉感官，更要考虑设计方案的实现方法、工艺选择。本章我们将对包装设计工艺进行深入的了解，如包装材料的选择、包装结构的设计、包装的容器设计、包装的装潢设计、系列化包装设计、不同的包装设计方案等。随着现代科技的不断发展，包装设计工艺也不断更新换代，作为设计师，要时刻紧跟时代的脚步，了解并敢于根据需求运用这些新的包装工艺。

第一节　常用包装材料

一、包装材料概述

所有的包装都是在材料的基础上建构的，材料在包装制作以及生产中起着十分重要的作用。材料的使用和选择与包装功能、产品品质、品牌形象等都有直接或间接的关系，包装材料与包装设计的结合是制作优秀包装的关键，也是功能与审美的完美结合。包装设计中的材料运用，既追求功能也追求美化，还要将丰富的内涵融入其中。因此，材料在包装中美学价值的表现是包装设计的一个重点问题。包装材料的物理性能、化学性能及工艺性能等特点在包装中也发挥着重要的作用，另外在不断发展的新技术下出现的各种新型材料，也为包装设计带来了更大的发展空间，使包装设计更加丰富和多元化。

二、包装材料的分类

包装设计中对于材料的选择非常重要，在包装设计中对材料的选择则通常是以科学性、经济性、适用性为基本原则。此外，不同的材料给人以不同的视觉感受，当然包装材料的种类很多，如棉麻质的、陶质的、木质的等。这里我们就构成现代包装材料四大支柱的纸、塑料、金属和玻璃来进行讨论。

（一）纸包装材料

纸包装材料是包装行业中应用最为广泛的一种材料，它加工方便、成本低廉，适合大批量机械化生产，而且成型性和折叠性好，材料本身也适于做精美印刷。纸包装中的用纸有许多种类。

1.纸和纸板的规格

随着造纸技术的发展，相关的行业标准陆续出现，使造纸在生产、使用、加工等环节更加标准化和国际化。

纸的基重：表示纸张重量的一种单位。目前国内使用的单位为g/m^2，比如说200g纸就是指每平方米纸的重量是200g。

纸的令重：通常250g以下的纸以500张为一令，10 令为一件进行包装。250g以上的纸则大致以每件不超过250kg为准。

纸的厚度：测量纸的厚度有公、英制两种方法，公制以1/100mm为单位，称作“条数”，即0.01mm为1条，厚度为0.2mm则为20条；英制则以1/1000英寸为单位，称作“点数”,0.001 英寸为1点，厚度0.02英寸则为20点。

纸的开数：是指纸张的裁切应用标准，比如，国内目前通常使用的一种纸张基本规格为787mm × 1092mm，即为整开，平均裁切成两等份称为“对开”，依此类推，如“4开”“8开”“16开”等。

2.纸和纸板的性能

了解纸张的性能，合理利用不同纸质的特点，对包装设计最终的视觉效果会起到很大的作用。

如白纸板是一种里层用废纸浆或草浆制造，以漂白化学浆挂面的纸板。面层洁白，印刷适性好，有的还覆膜，多用于印刷精美的商品包装盒。白纸板的种类有许多，厚度一般在0.3 ~ 1.1mm。有普通白纸板、挂面白纸板、牛皮浆挂面白纸板等。由于其强度大、易折叠加工的特点而成为产品销售包装纸盒的主要生产用纸。

铜版纸是一种在以化学木浆为原料，在制造的原纸上涂上白色涂料并经超级压光处理而制成的高级印刷用纸。铜版纸分单面和双面两种。铜版纸可分为灰底铜版卡纸、白铜版卡纸、铜版西卡纸。其特点是纸面平滑洁白、粘力大、防水性强。使用于多色套版印刷，特别适合画册、画报等精细彩色印刷。一般每平方米重40~250克，200克以上的叫铜板卡纸。

胶版纸有单面和双面之分，含有少量的棉花和木纤维。胶版纸的特点是纸面洁白光滑，适用于信纸、信封、产品说明书、标签等。

牛皮纸主要采用软质常绿树为原料，以硫酸盐工艺制造，具有成本低、表面粗糙多孔、抗拉强度和撕裂强度高、透气性好的特点（图5-1）。

图5-1　牛皮纸

蜡纸是在玻璃纸的基础上结合涂蜡技术制成的耐水性强，半透明、不变质、不粘、不受潮、无毒性、有一定强度的纸张，它是很好的食品包装材料，可直接用来包裹食物，或做纺织品、日用品的隔离保护包装材料。同时由于它半透明的特点，也常与其他材料搭配，形成朦胧的美感（图5-2）。

图5-2　蜡纸

纸盒成型的工艺方法主要有：压线折叠、切割卡隔、切割弯曲、插接、连接、粘接等。

（二）塑料包装材料

塑料是一种人工合成的材料，具有良好的防水防潮性、耐油性、防腐性、透明性、耐寒性、耐药性，而且成本低、质量轻、可着色、易加工、强度高等特点，加工时可以塑造成多种形状，也可以进行包装印刷。当然塑料也有其缺点，像透气性差和不耐高温以及回收成本较高，对环境容易造成污染等。不过，随着化工技术的不断进步，这些缺点也会随之得到改善。（图5–3）

图5–3　塑料手提袋

按照包装形式的不同，可分为塑料薄膜、塑料容器两大类。

塑料薄膜具有强度高，防水防油性强，高阻隔性特点，主要用于内包装材料和生产包装袋的材料，塑料薄膜根据使用需求的不同，加工成型的方法各异，主要可分为单层材料和复合材料。还可分为聚氯乙烯薄膜、聚丙烯吹塑薄膜、聚丙乙烯薄膜、聚偏乙氯乙烯薄膜、聚乙烯醇薄膜等。

聚氯乙烯薄膜：无毒并有一定张力、透明性能好、机械性良好、透气性较差。适用于化工产品、药品、纺织品等的包装。

聚丙烯吹塑薄膜：质轻，具有强韧、耐用、防湿性佳、耐热、绝缘等优点。多用于针织品、纺织品等的包装。

聚丙乙烯薄膜：具有透明度高、透气度低、耐温性好、耐酸碱等特点。容易加工成型、尺寸固定准确，可防止气味和水分散失，适用于做保鲜膜。

聚偏乙氯乙烯薄膜：透明、质软、无味、强韧、透水性低、不能热封，一般用作食品长期保存，保持鲜度。

聚乙烯醇薄膜：具有透明性佳、透气性低、保香性佳、强韧、耐磨性高、不易附着尘埃等特性，适用于食品、纺织品的包装。

塑料容器是以塑料为基材制造出的硬质包装容器，可取代木材、玻璃、金属、陶瓷等传统材料，其优点是成本低、重量轻、可着色、易生产、易成型、耐化学性等，缺点是不耐高温、透气性较差（图5-4）。

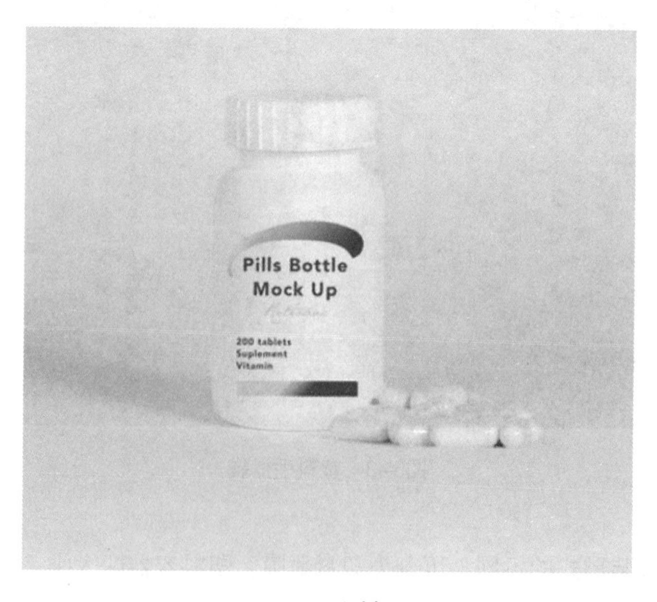

图5-4　塑料瓶

（三）金属包装材料

金属包装以其密封性好，可以隔绝空气、光线、水汽的进入和气味的散出，抗撞击性能高等特点，逐渐为人们所喜爱。现在常用的金属包装材料主要有马口铁皮、铝及铝箔、复合材料等几种。

马口铁皮是最早使用的金属包装材料。现在的马口铁皮通常是采用厚度在0.5毫米以下的软钢板制成的积层材料，大多用于食品罐包装，一般分为三件罐（由体、盖、底三部分组成）和二件罐（罐体与底冲剪为一件），并且采用电镀技术和镀铬技术以增强包装材料的性能，加强耐蚀性。马口铁皮具有牢固、抗压、不易碎、不透气、耐生锈、防潮等特点。适用于食品包装中咖啡、奶粉、茶叶等的包装。

铝材用于包装的历史比铁皮要晚一些，它的出现使金属包装材料产生了大的飞跃，它重量轻（为马口铁皮重量的1/3）、质地软、易加工成型、没有金属离子溶出时产生的异味、无毒、无生锈现象、印刷性良好，近年来大量用来做生产制罐的材料，尤其是用于易拉罐的制造（图5–5）。

图5–5　易拉罐

此外，铝箔也是重要的铝质包装材料，它是由铝锭压成铝条后再加工制成的，具有良好的适用性、经济性、卫生性，其硬度大、防湿性好、不透水、保香保味性好、防霉菌、防虫、极为清洁，非常适合食品类的包装，而且它还具有保温机能，适用于冷冻食品的包装。铝箔具有明亮的光泽，印刷性良好，是一种理想的食品和日用品包装材料。

近年来，考虑到节约资源以及金属材料回收处理的成本等因素，复合材料的使用以及罐体材料的综合使用越来越得到重视。在容器材料上复合使用塑料膜、铝箔、牛皮纸等材料，多用于替代一些液态或粉状的家庭日用品和食品的包装。

金属包装容器包括金属罐、金属软管。金属罐又分马口铁罐、铝罐、合成罐等。金属软管包括了铝制软管、锡制软管、铅制软管，具有防氧化、密封性、保护性良好的特点，多用于生活用品、化妆品、医药用品、工业用品等的包装。

（四）玻璃包装材料

玻璃作为容器的应用早在公元前16至15世纪的古埃及，是最古老的包装材料之一。玻璃主要是由天然矿石、石英石、烧碱、石灰石等，在高温下熔融后迅速冷却，形成透明的个体状或非结晶状。由于早期是手工制造完成玻璃瓶，作为包装容器无法进行规模性的生产而未得以广泛应用。17 世纪末18世纪初，开发了玻璃生产的技术，直至1903年，世界首台自动制瓶机投入使用，使得玻璃业以及玻璃容器制造业迅速发展。

玻璃是无机物质，具有良好的化学惰性和抵抗气体、水、酸、碱、化学试剂等腐蚀的能力，几乎不与任何内容物相互作用；有良好的光学性能，可以是高度透明，也可以根据被包装物的实际需求制造成各种颜色，以屏蔽紫外光和可见光对内容物的光催化反应。由于其加工成型过程的特殊性，使其造型、色彩、大小均具有相对较大的可塑性，可完成许多富有创意的容器造型。另外玻璃还具有硬度大、耐热、易清理，并具有可反复使用等特点，被认为是最佳包装容器之一。玻璃主要用于酒类、油类、饮料、调味品、化妆品、液态化工产品的包装，用途非常广泛。它的缺点是重量大、不耐冲击、运输存储成本高等（图5-6）。

图5-6　玻璃包装

玻璃主要分为钠玻璃、铅玻璃、硼硅玻璃三种。

玻璃容器的材料设计应用，通常与容器的分类一起综合考虑。分类的方式也较多，可按照内装物分类；按照容器瓶口、瓶身造型分类；按照原料成分分类等。另外，玻璃的表面还可用丝网版印刷、喷砂、化学腐蚀及粘贴标签等方法进行加工，以增加其产品的丰富性和艺术魅力。

除了以上介绍的四种主要的包装材料外，目前还有木材、陶瓷、纺织品等也常被用作包装材料，特别是在传统土特产品的包装或个性化包装设计中经常被采用。例如，竹子材料，质地精纯、柔雅亲和、纹理清晰、手感舒适，用作土特产的包装，不但丰富了产品和设计的艺术风格，而且在很大程度上提升了人们的审美观念和环保意识，以材质美感来凸显商品的民族特色和文化品位。

还有一些各种各样的辅助材料如发泡聚苯乙烯（PPS）、低密度的发泡粒状聚苯乙烯（EPS）等常被用来做产品的包装内胎和衬垫以及包装的缓冲填充物。随着材料科学在金属、高分子材料、复合材料、无机非金属材料方面的研究进展，一些新兴的诸如纳米材料、生物材料、太空材料等在包装行业的应用，必将会对未来包装设计的功能和形式产生重大的影响。

（五）其他类包装材料

其他类的包装材料包括天然包装材料和纤维织品包装材料、陶瓷包装材料、木材包装材料等。天然包装材料最常见的是竹子、藤、草类。竹材有良好的力学性能，耐力和强度都很好，舒适性强，本身自然、清新的香气常被用在一些传统的土特商品的包装上，深受大众喜爱。藤、草类包装材料也相当广泛，藤类常见的柳条、桑条、槐条、荆条及其他野生植物藤条，用于编织各种筐、篓、箱、篮等。草类包装材料有稻草、水草、蒲草、麦秆等，用于编织席、包、袋等，价格便宜、形式古朴、自然、清新，使人有一种回归自然的感觉（图5-7）。

图5-7　竹编包装

纤维织品包装材料在商品包装中也应用广泛，布袋和麻袋在古代就被用来装中药，布袋是制作成包袱状的包装形式，纤维类包装材料可以按照需要提供卷、片状、折叠等形态，是很理想的包装材料，而且对于纹理、颜色的需求都能满足。日本的包袱不但可以反复使用，而且易于折叠、便于收纳，必要时还可以充当桌布、围巾或野餐垫，不同花色的包袱还可以与使用者的衣服进行搭配，这些特性恰好符合了当下日本流行的追求精致、自然的“乐活”理念。在纤维织品里可以用的还有富纤、涤纶、锦纶类，这些包装材料具有结构紧密、不透气、不吸水的特点，在商品包装中作为礼盒内衬及局部使用（图5–8）。

图5–8　布袋

陶瓷是以铝硅酸盐矿物或某些氧化物为主要原料，或加入配料并以当时的技术和工艺水平，按用途给予造型，表面涂上各种光滑釉或特定釉及各种装饰，采取特定的化学工艺，用相当的温度和不同的气体（氧化、碳化、氮化等）烧结而成。陶瓷材料历史悠久，在中国古代就被用于精美的包装使用，其质地坚硬，具有极佳的耐压强度、高熔点，易于延展和弯曲，长久地保持其物理特性，密封性好。像粗陶瓷、精陶瓷、赤陶等都可以用来作为包装材料。中国高档次的白酒就有很多用陶瓷材料制作而成，今天，陶瓷材料的新用途还在不断地开发（图5–9）。

图5-9　陶瓷瓶

木材包装材料是常用的原始包装材料之一，以木材制品和人造木材板材制成的包装称为木制包装。现在常见的木制包装容器有木盒、木桶（筒）、密封木箱等，既可制作销售包装或礼品包装，又可制作大型运输包装。了解木材的属性也十分必要，用软木树皮加工可做成防水、绝缘、密封性好的木桶封口木塞。胶合板、纤维板、软木板等都可以用于包装材料，具有耐热、耐水、抗压、不腐、不裂的优点，可以作为茶叶、干果类的包装箱（图5-10）。

图5-10　木桶

三、材料在包装设计中的美学表现

每一种材料都具有其特有的视觉要素和触觉要素，这些要素决定了包装的整体形象。在包装设计中要根据材料的个性特征来进行选择和使用，并充分掌握不同材料的优缺点及相互搭配后的视觉效果和触觉感受。根据不同包装设计策略，定位不同的包装形象，使用不同的包装材料突出材料色彩、质地、肌理等特点。

人们对材料的认识最先是从色彩开始的，色彩决定包装的基本格调，给人以最直观的感受，从而达到情感共鸣。材料色彩分为固有色彩和人工色彩两种，固有色彩是材料本身固有的颜色，而人工色彩则是对不同材质的包装作表面涂饰处理。设计者通过改变原有色调，可以有效地提升包装与产品之间的联系，突出信息传递的准确性，丰富产品的艺术表现力（图5-11）。

图5-11　包装材料的人工色彩

另外，设计者也可以保留材料的固有色彩，使包装设计给人自然、古朴的感觉。

材料质地是包装的又一重要属性。包装中不同质地的材料特性以及视觉美感能给人带来最直观的感受。材料质地在包装设计中主要分为自然质地和人工质地。自然质地是材料本身具有的、天然的独特属性，人们可以通过视觉和触觉来认识并感知材料结构和组织形态，它是物质的自然属性。人工质地是指通过新技术和新工艺等人为手段进行的人造质地美感表现（图5–12）。

图5–12　包装材料的质地

肌理是材料的表面形态和外在纹理，它能够表现材料表面的形象特征。肌理可以是材料纹理的视觉效果，也可以是材料纹理形态的触摸感知。肌理在包装设计中的价值主要体现在视觉和触觉两个部分。包装制作工艺中的印、染、烫、镀等技术工艺除了功能的追求外，也在追求肌理的产生。因此在包装设计中，只有对材料的色彩、质地、肌理进行合理的应用，尊重材料的美学特征，才能彰显其质地的美感。

四、包装材料的选择

（一）以商品属性为依据

依据商品的属性，进行材料的选择。比如商品的形态、商品的档次、消费群体、销售地区等，根据这些条件选择合适的包装材料，做到美观与实用并行。比如瓜子的包装选材需要考虑防潮；香水的包装选材需要考虑挥发；化工用品的包装选材需要考虑腐蚀性。还要考虑商品的档次，高档商品或精密仪器需要考虑美观、性能优良；低档的商品应考虑实用性。

（二）以保护商品为目的

包装的最基本的功能就是保护商品，所以包装材料选择的主要目的就是保护商品。比如牛奶的包装，其材料的选择既能很好地保持牛奶新鲜又能方便消费者使用；饼干的包装，其材料的选择能很好地防止饼干被压碎。所以包装材料应具有一定的强度、韧性、弹性等，以适应压力、冲击力、气候等外界因素的影响（图5-13）。

图5-13 包装材料对商品的保护

（三）以环保为目标

包装材料应尽量选择成本低廉、取材方便，并且可以回收利用的材料。

第二节 包装的结构设计

一、包装结构设计概述

包装的造型设计不是孤立的，它必须与结构设计相互协调，它们之间的关系就如同建筑中的外观造型必须受框架结构所制约一样，如果非机能产生的形态，便违反了有机建筑的理想。不论是基本保护功能还是作为产品一部分的第二功能，甚至包装的可持续发展，很大程度上要依靠结构来实现。所以包装的设计从设计结构开始。

包装结构是指包装的不同部位或单元形之间相互的构成关系。它是对承担重力或外力的构造的一种设计，也是基于产品研发、用户分析、使用环境、提升商品附加值、方便产品展示功能之上的一种综合设计。包装结构设计是从包装的保护性、方便性、复用性等基本功能和生产实际条件出发，科学地对包装内、外结构进行优化设计，因此，更加注重技术性、物理性的使用效应。它伴随着新材料和新技术的进步而变化、发展，达到更加合理、适用、美观的效果（图5-14）。

包装的结构设计在整个包装设计体系中占有重要地位，它是包装设计的基础，是包装设计与印刷技术专业的重要组成部分。包装设计由包装造型设计和包装装潢设计共同构成。包装具有保护产品、方便运输、促进销售的三大功能，实现这些功能需要有合理的包装结构设计。包装的结构性能如何，将直接影响到包装的强度、柔韧度、稳定性和适用性；包装结构设计的合理与否，将直接影响到产品的运输、销售等各项功能。

图5-14　包装结构设计

二、包装结构的合理性

包装结构的合理性可以用三个字来概括：好、省、快，指在包装结构满足产品自身和客户商业要求的过程中表现出来的良好的包装品质、低量的资源消耗、快捷的使用体验。主要表现在包装对产品的保护性，包装的使用价值、生命周期和其生产资源消耗三者比例的平衡性以及包装在使用过程中的便利性。包装结构的合理性总是相对于特定的产品、特定的要求和限制而言的。对某一个产品是合理的包装结构对其他的产品而言就不一定合理。同一种形态的包装可以有很多不同的结构，设计师应当根据具体产品情况和客户的具体要求以及客户的包装成本预算来设计和选择最适合的结构方案。

（一）发挥保护作用

每件产品均有各自的性质、形状和重量，此外从产品演变成商品，离不开包装、装卸、运输、储存和销售一系列过程。因此，在进行包装结构设计时，应考虑包装结构对产品所起的保护作用，如强度是否达标，封口是否合理，抗阻是否有效，等等，以便安全地完成销售任务。

有些保护功能，比如防潮，要靠特殊包装材料的使用来完成。由结构来完成的保护功能在大多数情况下指的是防震、抗压、抗冲击，是为了减少产品在运输销售过程中受到振动冲击而损伤的可能性。不同的产品有着不同的强度，对振动冲击的敏感度也不同，因此对包装的保护性能要求也不同，这就意味着保护性结构的不同。结构虽然不尽相同，但原理大同小异。保护性能由弱到强的缓冲方法依次为：通过定位避免晃动产生的碰撞；利用包装强度对抗外来冲击和压力；在此基础上，在产品与产品、产品与包装之间制造一定的缓冲空间来增强包装对产品的保护性；必要的时候可以分割缓冲空间、增加缓冲包装的物理强度，从而进一步强化对产品的保护（图5–15）。

图5–15　包装结构的缓冲设计

包装的缓冲材料的使用也是影响其结构设计的重要因素。常用的缓冲材料有瓦楞纸、再生纸浆、海绵、EVA、珍珠棉、缓冲气袋等。过去常用的发泡聚苯乙烯缓冲材料由于不能自然降解，焚烧时会产生有毒气体而被称为“白色垃圾”，现在国际上已经限制使用，取而代之的通常是瓦楞纸缓冲模块或者再生纸浆压模成型的缓冲包装 。

体积较小的单个产品的缓冲结构相对比较简单，只需根据产品的形态制作一个内盒即可。因为这类产品通常重量较轻，包装材料自身的强度通过结构加强后足以保护产品。使用这种结构的时候，要注意内盒的外尺寸和外盒的内尺寸以及内盒的内尺寸和产品必须吻合。如果内盒不能把外盒填满或者恰好放进产品的话，就无法很好地定位产品，也就无法为产品提供良好的保护。包装缓冲结构对产品的定位越准确、越稳固，其包装的保护性就越好。

内盒结构可以为较小的产品提供足够的保护，但对较重较大的产品，其保护性能就远远不能满足产品的需求了。缓冲模块结构可以为产品提供更全面的防震抗压保护。缓冲模块通常位于包装的各个内角或内边。通常情况下，选择产品强度较强的部位作为支撑点。依照支撑点的外形，折出缓冲模块与产品相接触部分（凹陷的部分）的形状，并利用结构锁定。缓冲模块的突出部分则必须贴合外包装的内部形状。产品装上缓冲模块后的外径尺寸等于外包装的内径尺寸。增加结构中材料折叠的次数、缓冲空间的总体积以及模块中的空间分隔可以加强缓冲模块的抗冲击性，提高包装的保护性能。有多个独立零部件或者附件产品的包装的缓冲结构的基本设计方法和前面所述的相同，也是根据不同产品的重量体积特性提出的不同保护性要求，在通常情况下分为内盒结构和模块结构。多部件的内盒结构应视具体情况，适当增加结构内缓冲空间的分隔；模块结构则要注意根据各个部件的不同强度及重要性设计不同强度的模块结构。与单个产品的模块结构不同的是，多部件包装的模块结构并非都位于包装的边角，某些部件的缓冲模块有可能位于包装的中间。这就要求各个模块的形状可以互相契合，由此达到相互定位的目的。[1]

---

① 孔德扬，孔玹.产品的包装与视觉设计[M].北京：中国轻工业出版社，2014.

（二）降低制作成本

一般我们认为如果一个包装的功能或性能达不到所包装产品的需求，例如对包装保护性能的需求，那它就是个失败的设计。事实上，所谓“过犹不及”，如果一个包装的功能或性能超过所包装产品的实际需求，通常情况下意味着更多的生产资源消耗，那么它同样是个不合理的设计。

由于结构设计离不开对材料的选择和新技术的利用，因此包装结构设计还须考虑经济性原则，力求最大限度地降低成本。如纸制品包装中，由一张纸板所制成的可折叠纸盒，是包装结构设计史上的一场革命，其巧妙的结构设计，不仅降低了耗材成本，也降低了运输、仓储等流通成本，是包装结构设计中以经济性为原则的典型体现。

设计多部件包装缓冲结构的时候，除了在各个配件或附件之间设计合理的缓冲空间，还要考虑如何巧妙组合包装产品的各个配件附件，最大限度地利用空间，避免因不合理的内部结构造成外包装尺寸过大而浪费资源和包装生产成本增加。

从可持续发展的角度，包装的生产资源消耗当然是越少越好，但这不是一个绝对的概念，而是相对于包装所产生的使用价值而言的。在旧的包装概念中，包装的使用价值仅仅体现在产品从生产厂商到用户手中这段时间内包裹和装载产品的功能上。曾经也有过“包装设计是否在一种必死的观念中承受着痛苦”这样的议题。可持续发展包装设计的概念提出后，新的包装使用价值的概念也随之产生并得到普遍认可。在新包装的概念中，包装的功能可以不再局限于包裹和装载这样基本的功能，包装的寿命也可以随着其功能的扩展而延长。但这并不等于说在不久的将来，所有的包装在完成了基本功能后都会被留下来。大部分的包装，特别是快速消费品的包装还是应该快速进入再生循环中，好给不断后续而来的新的产品包装腾出空间。这种不具备实际使用价值的附加功能的包装，我们称之为“短、平、快”包装——短期寿命、平实功能、快速循环。

（三）使用方便快捷

科学的结构设计是新材料与新工艺的巧妙结合，不仅对制造工艺有所要求，更从拉、按、拧、盖等结构上力求最大程度地满足人体功能的要求，如在瓶盖周边设计一些凸起的点或线条，可以增加摩擦力以便于开启，喷雾式盖只需稍稍用力揿压便能使液体喷出。一个设计巧妙的提手和适用的盖子，不仅使包装变得方便受用，还会直接影响到人们的生活方式，增加轻松、愉快的情绪。

合理的短平快包装的结构设计要做到“四简”，即工艺简单、材料简单、结构简洁、使用简便。对于外形接近于方形产品的包装结构设计来说，要做到“四简”并不算困难。但是，非常规形态产品的包装也要做到“四简”，就需要设计师充分发挥良好的逻辑推理能力了。

快捷方便、令人愉悦的使用体验是用户中心设计（user-centred design）中的重要内容。而在包装结构合理性的概念中，这种标准只是基本的、不会令人紧张烦躁的使用的水准。换句话说，从终端用户的角度，只要这个包装的开启过程是连贯不断的，就可以被认为在这个方面是合理的。这也是包装设计的基本要求之一。更优化的使用体验是以用户中心设计为基础的优秀设计所必须追求的目标，这种标准比用来衡量包装结构合理与否的标准要高得多。

作为包装设计的一项基本要求，以当今包装设计的整体水平，一般情况下，大多数包装都可以做到连贯开启这一点。但这并不等于说连贯开启这一使用便利性是自然而来的，只是因为一些常用的结构在长期的使用过程中经过许多设计师点点滴滴的修改，已经被改进得相当合理，以至于我们可以当作模板直接使用，而不用自行设计。如果设计师在设计的时候脑中没有考虑到使用便利这一因素的话，即使是套用常规结构，也有可能因为材质或生产工艺的不同而在这一点上发生意外。

按照可持续发展的概念和人类中心设计的准则，在包装结构合理性的三个标准中，包装的保护性和使用时的便利性是不可牺牲的相对定值，而包装的生产资源的消耗则是取决于包装保护性和其他因素的变值。在实际的操作过程中，设计一个包装往往需要考虑多方面的因素，满足客户提出的多个要求。这就要求设计师要能够结合产品具体情况，从包装的生产、销售、使用到回收的整体范围内来综合考虑问题。这也就是我们从一开始就在强调的“相对”“适合”。“四简”结构适合于“短平快”包装，但未必适合于要负担特殊功能的包装；半封闭的结构适合于木质秋千架的具体情况，但不适合于对振动冲击敏感的电子类产品。所谓的合理性，是要在包装功能、寿命和消耗这三者之间达成平衡。我们的观点是这三者间可以但不是必须成正比。换句话说，为了满足产品对包装相对复杂的必要需求，或者为了延长包装使用周期，可以适当增加包装生产的资源消耗。原则是包装生产所消耗的资源不能超过其所带来的价值。

三、常见的包装设计结构形式

（一）盒式结构

（1）插口式。插口式是最常用的一种盒式结构，其造型简洁、工艺简单、成本低廉，平时常见的生活日用品、食品多是采用这种包装结构形式，如图5-16所示。

图5-16　插口式

（2）开窗式。开窗式的盒式结构设计常用在儿童玩具、化妆品、食品等产品包装设计中，这种结构形式的特点是使消费者对选购的产品一目了然，增强产品的可信度、透明度，结构中的开窗部分用透明材料进行填充。

（3）手提式。手提式的盒式结构设计常用在礼盒包装中，其特点是便于携带、外观华丽，但在设计时要注意产品的体积、重量、材料及提手的结构设计是否得当，以免产品的包装在流通过程中受到损坏，影响后期销售，如图5-17所示。

图5-17　手提式

（4）抽屉式。抽屉式包装结构形式类似于抽屉的造型，盒盖与盒身是由两部分结构组合而成，结构牢固便于多次使用，这种结构形式在食品、药品的包装设计中运用较多，如图5-18所示。

图5-18　抽屉式

（5）变形式。变形式的盒式结构设计主要讲究结构的趣味性与多变性，常适用于一些特性活泼的产品包装设计（如小零食、多味糖果、儿童玩具），这种结构形式虽然制作较为复杂，但是展示效果很好。

（6）有盖式。有盖式的盒式结构设计又可以分为一体式结构设计和分体式结构设计两种类型。所谓一体式结构设计是指盒盖与盒身结构相连，用一纸成形，比如香烟的包装；而分体式结构设计是指盒盖与盒身结构互相独立，常见的有月饼的包装设计，如图5-19所示。

图5-19　有盖式

（7）组合式。组合式的盒式结构设计多用在高档礼盒的包装设计中，在这种包装形式中既有小包装又有中包装，它的特点是贵重华丽，成本较高。

以上七种盒式结构设计形式是较为常用的盒结构形式，设计者在进行设计时要根据产品的特性灵活运用，不能照搬照套。

（二）罐式结构

罐式结构又称合成端，这种包装形式多用于液体和粉状产品的包装设计中，它密封性能好、利于保鲜，在材料上通常采用镀锡薄钢板、铝材和镀铬薄钢板等材料进行设计，在化工、医药、食品等领域得到了广泛的应用，如图5-20所示。

图5-20　罐式结构

（三）瓶式结构

瓶式结构的包装材料多以玻璃为主。玻璃容器大多是由碎玻璃、纯碱、硝酸钠、碳酸钡、石英砂等十几种原料经过1600℃高温熔化加工制造，并经过塑形等工艺设计而成的。可以根据不同的模具设计出不同形状的玻璃容器，主要包括各种酒瓶、饮料瓶、酱菜瓶、蜂蜜瓶、罐头瓶、碳酸饮料瓶、咖啡瓶等。玻璃容器具有密封性能高、透光度强、易于长期保存的特点，如

图5-21所示。

图5-21　瓶式结构

（四）袋式结构

袋式结构的包装材料多以塑料薄膜为主。塑料薄膜是用各种塑料经过特殊的加工工艺制作而成的，它具有强度高、防潮性好、防腐性强的特点，有时还用作包装的内层材料，具有很好的保护作用，在食品的包装中深受欢迎，如图5-22所示。

图5-22　袋式结构

第三节 包装的容器设计

容器是承载产品的固定器具，它能够承载气体、固体、液体等形态的产品。同时方便产品流通、销售、信息的传达，具有物质与精神的双重价值。

一、产品容器造型的分类

按材料分类，产品容器可以分为：金属容器、塑料容器、陶瓷容器，玻璃容器、复合材料容器等。

按结构分类，产品容器可以分为：瓶、管、罐、坏、桶、盘等。

按产品种类，容器可以分为：药品类、日化类、酒水类、化学工业类等。

二、产品容器造型的构思方法

（一）线型造型

线型造型包括形态的曲直、方圆变化、角度变化、比例变化等。

在包装容器造型设计中，线是构成容器外形轮廓的最基本元素之一，它决定了容器基本造型的变化。在线型的处理上，设计师必须把握线的性质和所传递的情感，比如斜线有律动感；曲线有活泼感等。同时也要考虑装饰线与形体线之间的关系，例如变化与统一、对称与均衡、比例与尺度等规律。以男性化妆品为例，应以水平线、直线等为主，体现男性硬朗、干净等特征。如图5-23所示，整个设计以直线为主，再加上与弧线的巧妙结合，使产品给人的印象庄重而不失活力。其瓶盖的设计也是巧妙地运用了角度的变化，顶部切角的设计恰到好处，使瓶盖设计非常精巧而不浮夸，提升了整个容器的设计感。

图5-23　线型造型

包装容器的线型造型中，对比与调和也是重要的表现手法。没有对比的容器造型也就缺乏了生气，形象不突出：而没有调和的容器，则缺乏具整体感。疏密、高矮、粗细、方圆、厚薄、刚柔等都是对比。

将这些对比关系通过调和的手法形成有序的、过渡的视觉效果，最终将容器完整地呈现出来。如整个瓶身运用弧线做装饰，其弧线与瓶身外轮廓产生角度变化，形成有序的对比，使整个设计给人感觉非常圆润、饱满。（图5-24）

该包装取正方方向两条圆弧线设计而成，上下左右都呼应，瓶盖与瓶身也产生了大小的对比，整个容器设计线条运用流畅，比例和谐，造型新颖，让人过目不忘。线型容器造型设计，效果新奇，符合现在的消费者追求冲击力、追求刺激的心理。

图5-24　弧线造型

（二）雕塑造型

雕塑造型指在基本体块—球体、立方体、三棱锥体、自然形体的基础上进行形体的加减组合变化，可以是整体雕塑造型，也可以是局部雕塑造型。

容器造型设计也可以说是雕塑设计，设计者要先指定一个基本的形体，然后对形体进行面、体的不同变化，即面与面、体与体的相加、相减、拼贴、重合、过渡、切割、削减、交错、叠加等。如果说线型设计是平面构成设计，那么雕塑造型就是立体构成设计。如可在正方体的基础上进行面的切制，最终形成六面、四面相结合的效果。

雕塑造型设计一般有两种形式，即局部雕塑造型和整体雕塑造型。局部雕塑造型主要是指把瓶盖或者瓶身的某一部分做雕塑处理。如可使瓶的基本形状为球体，设计时在球面上切割出许多凹凸造型，瓶盖简单厚重，整个瓶型简明而富有个性。

香水瓶可别出心裁地用几朵花作瓶盖，栩栩如生，富有诗意。瓶身是简单的造型，正好与瓶盖形成对比，增强香水容器的形象特征。整体雕塑造型就是把瓶身与瓶盖作为一个整体来雕塑，现在国内外的包装容器中有许多具有整体美感的雕塑造型设计。

（三）嵌造型

可以运用装饰物来加强包装容器表面的视觉美感，既可以运用附加不同材料的配件或镶嵌不同材料的装饰，使整体形成一定的对比，还可以通过在容器表面进行浮雕、镂空、刻画等装饰手法，使容器表面更加丰富。如在细长的瓶子上运用水平方向的曲线进行装饰，使其具有流动感，并打破由高度而产生的不稳定感。

又如有些玻璃瓶型，局部镶嵌少量金属材料，形成质感的视觉和触觉的对比，更显高贵、典雅。法国香水瓶由玻璃瓶体、聚氨酯塑料外套和玻璃盖三部分组成，造型别致美观。

（四）光影造型

利用光影变化，创造出透明材料的折光变化和不透明材料的阴影变化，使立体形态更具立体感和空间感。

在包装容器造型设计中，充分利用凹凸、虚实空间的对比与呼应，使容器造型中虚中有实，实中有虚，产生空灵、轻巧之感。如有些瓶型设计，在实体的造型中，用镂空的形式使虚实相间，更加突出其个性特征。如图5-25所示，这款玻璃容器即是以光影法为主进行设计的，瓶身全部用不规则三角形、菱形进行切割，通过光影效果产生一种交叠的效果。在光照下透明的玻璃瓶产生折光效果，切线前后交叉，产生无数不同形状的线条与光点。这些折射的光影效果使整套产品具有较好的节律感。

（五）肌理镶嵌

在表面肌理上做变化，如凸凹、雕刻、喷砂、腐蚀等，可将不同材质组合在一起应用，比如金属与玻璃等。

肌理是与形态、色彩等因素相比较而存在的可感因素，它自身也是一种视觉形态。包装容器造型上的肌理是将直接的触觉经验有序地转化为形式的表现，能使视觉表象产生张力，在设计中获得独立存在的表现价值，增加视觉感染力。设计中的视觉质感可以请这人们用视觉或用心去体验、去触摸，使包装与视觉产生亲切感，或者说，通过质感产生一种视觉上的快感，肌理一般可分真实肌理、模拟肌理、抽象肌理和象征肌理等。

包装可采用玻璃容器与金属容器相结合的形式，造型新颖，能够弥补玻璃材料的易碎感，也能够弥补金属材料的厚重感。两者相结合使产品带给消费者一种通透，但不失厚重的感觉。

图5-25 光影造型

（六）仿生造型

仿生造型有具象形态的模仿，以及抽象形态模仿，目的是使消费者将产品与品牌名称、品质形象产生联想和转化。

仿生法就是通过提取自然形态中的设计元素或直接模仿自然形态，将自然物象中单个视觉因素从诸因素中抽取出来，并加以强调，形成单纯而强烈的形式张力。也可将自然物象的形态做符号化处理，以简清的形态加以表现，使包装容器造型既有自然之美，又有人工之美。

安娜苏洋娃娃香水和蝶恋女性香水，都是具象的仿生造型。这种具象的仿生造型恰如其分地体现了安娜苏提倡的简约、自然的品牌理念，而精美的容器造型也能够充分体现安娜苏对品质的追求，以及对时尚的把握。总之，容器造型能够提升品牌形象，体现产品品质。对品牌形象的准确把握和对品质的高追求，也能够促进容器造型无与伦比的设计。它们之间是相辅相成的关系，相互影响、相互促进。

第四节　包装的装潢设计

一、包装装潢设计概述

包装装潢设计是对商品包装中的文字、商标、品牌、色彩进行创意设计，它是商品包装设计的核心。包装装潢设计的内容主要包括文字设计、图形设计、色彩设计。包装装潢设计的目的是宣传商品、美化商品、赢得市场，创造社会效果和经济效益。包装装潢设计是企业品牌形象的具体内容之一，所以很多企业家、批发商、零售商都很注重商品的包装装潢设计的实际效果。

包装装潢设计要紧密结合产品及商品流通环节中各个细节。具体而言，从商品本身出发，包括产品的形态、大小、商标、属性类别、企业的状况等；从设计角度出发，包括创意、图形、构图、色彩、文字、表现技法及元素与元素的搭配关系；从商品的流通环节出发，包括材料、印刷工艺、储运方法、产品的市场生命周期、信誉度、市场占有率、消费对象、消费心理、同类产品的情况、营销方式、社会的文化背景、对环境的影响等。这些元素都是包装装潢设计时的影响因素。因此，在包装设计时只有对内在、外在的条件做周密的调查，综合分析，才能找准设计的突破口和准确的定位。

二、包装装潢设计的原则

包装装潢设计的前提是色彩的整体性规划，包装装潢中的色彩要醒目、对比强烈，有较强的视觉冲击力和竞争力，以唤起消费者的购买欲望，促进销售。例如，在食品类的包装装潢设计中，以暖色为主，突出食品的新鲜、营养和味觉感；在医药类的包装装潢设计中，多采用单纯的冷色调；在化妆品类的包装装潢设计中，常用柔和的中间色调。设计者要根据消费者的习惯，以及国际、国内流行色的变化趋势，不断提高色彩的设计感和色彩心理学意识，最终实现色彩设计的完美性。随着人们生活节奏的加快，消费者在商场内选购商品的时间也趋于减少，其实质上是减少了消费者对同类商品的品牌对比、鉴别的时间，那么产品的包装设计就成为影响消费者购物的关键因素了（图5-26）。

图5-26　包装装潢设计

三、包装装潢设计的基本要素

包装装潢设计可以看作一个鲜活的广告媒体，但包装毕竟不等于广告。广告文案有标题、正文、广告语和附文，可以缺一两样甚至是全部，但包装则不可。国家对包装信息内容有强制规定，如商标、厂址、经销商、生产标准、各种编码批号、原材料、规格、作用功效、认证标识、生产日期、保质期等，所以必须先了解包装装潢设计的基本元素。

（1）商品名称。商品本身在包装上的名称无疑是最基本的元素，一般都用醒目的字体、字号和颜色标出。

（2）包装形象。展现在包装画面上的商品形象或其他形象，是吸引消费者注意力的一个重要元素，需要精心拍摄或设计。

（3）商品商标。生产厂商的专有标志，既是品牌的载体，也是品牌的主要视觉符号。

注册的商标受国家法律保护，使用时应当标注在商标的右上角或者右下角。

（4）商品说明，包括商品性能和商品特色。前者是指在包装上要注明的商品性质与功能、使用方法、注意事项及有效期限等；后者表明该商品在同类产品中独具的特点。良好的商品说明有助于商品的销售。

（5）商品规格。商品的规格、尺寸使用国家和国际通用的标准单位或专业术语来标明，包括赠品都得标明规格。

（6）商品厂名。商品厂名包括生产厂名、生产地址和联系方式，一般有电话，现在甚至可以通过扫描二维码进入公司网站、微信公众号、微博等。

第五节　系列化包装设计

现代包装设计出于产品开发、市场营销与竞争、消费者使用方便、宣传企业形象等因素的需要，越来越多地以系列设计的“整体大于局部之和”形式出现，也使设计师将设计思路从过去侧重于艺术表现转到研究信息传播和视觉接受的关系上。

一、系列化包装设计的概念

系列化包装又叫“家族式”包装。它是针对企业的同类产品，以商标为主体，将同一商标统辖下的所有商品，在形象、色彩、图案和文字等方面采取共同性设计，使之与竞争企业的商品产生差异，更易识别。它是以一个企业或一个商标、品牌名的不同种类的产品用一种共性特征来统一的设计，可用特殊的包装造型特点、形体、色调、图案、标识等，形成一种统的视觉形象。

系列化包装早在20世纪初就已经出现。它的优点是使商品看上去既有统一的整体性，又有变化的多样性和良好的陈列效果。由于几种视觉元素在商品系列中的反复出现，重复强化，体现出一种“群体的规范化风貌”，它往往给人的印象深刻而强烈，容易识别和记忆，从而达到促进销售的根本目的，是一种吸引顾客和促进销售的强有力的手段。

具体设计时应注意要在统一中求差别，将商品的信息元素的共性和个性相互进行转换，以富有规律性的变化在同类商品中区别出不同品种、型号和规格，以利于消费者选购。以群体规范化加强消费者的识别与记忆，增强商品展示时的冲击力。这对于加强商品、品牌宣传或企业宣传起到了良好作用，成了企业或商品促进销售的有效手段。

系列化已成为当今包装设计的一个主流化特征，在商品销售市场中占有一个绝对的比例。

二、系列化包装设计的作用

（一）从企业的角度

1.有利于形成品牌效应

系列化包装以商品群的整体面貌出现，声势宏大，个性鲜明，有着压倒单体商品的视觉冲击力。即使被超市陈列在较差的视域区，这种群化阵容仍然能够吸引消费者对商品的关注度，快捷、强烈地传达商品信息。同时，消费者通过反复出现的品牌视觉形象，将对其产生较为深刻的印象。系列化包装增加了品牌的认知度，加强了与其他同类产品的竞争力。

2.提高企业知名度

系列化包装强化了品牌，提高了企业的知名度，有利于产品的开发和拓展。成功的系列化包装能为企业加大品牌的宣传力度，树立起良好企业的信誉和名牌产品观念，隐含着企业强大完善的产品实力，对产品产生信任感，以此来带动一批产品的生产和销售。

3.有利于降低成本

包装成本是指企业为完成货物包装业务而发生的全部费用，包括包装材料费用、包装技术费用、包装的人工费用等。系列化包装大多使用同一容器、同一生产线，大大降低了生产成本。再者，对商品的品类进行系列化的包装，还有利于企业不断开发新的商品，满足更大的市场需求，对新增商品包装也可以起到节省时间和设计费用的作用。

（二）从商家的角度

系列化包装具有良好的整体性传达和陈列效果。系列化包装由于强化了设计的整体性，使商品具有了家族式的类似感，因此，所产生的视觉效果会分外统一协调，鲜明有力，更加突出了商品的特征。系列化包装反映了消费者对于和谐统一、格调一致整体美的追求，而系列化包装也正好体现了这一点，迎合了消费者的心理。在商品销售中，系列化包装总是成组、成套的出现，在展示和陈列上具有大面积的展示空间，能形成强有力的视觉冲击力，压倒其他商品。在商场中化妆品专柜的陈列最为典型，因都是成套的出现，个性鲜明，所以很容易吸引消费者的注意。

经过系列化包装后的产品可以作为一个销售单元进行整体销售，价格与单个产品比较会相对便宜。这不仅可以吸引更多的消费者，而且当其某一项产品获得消费者认可，就可能引发对该系列其他产品的信任，引起重复消费行为，乃至延伸到整个系列的所有产品。

（三）从消费者的角度

系列化包装能符合消费者更多物质与审美的需求。不同的消费者，在不同的时间和空间环境下，对商品的要求是有差异的。系列化包装正是满足了消费者这种多样化的需求，为他们提供了更多的商品选择的机会，也从另一个方面体现出系列包装的人性化关怀。

三、系列化包装设计的形式

系列化包装在设计上，强调不同规格或不同产品的包装在视觉形式上的统一，它追寻一种整体的视觉效果，但又不是同种商品等量同型的重复组合。因此，在体现企业多种商品包装特定统一视觉特点的前提下，还要体现不同商品的特有个性，在统一中求变化，从而得到既变化又统一、丰富多彩的包装视觉效果。系列化包装的表现形式多种多样，那么如何在包装视觉设计中体现系列化呢？系列化的形成可以通过造型、色彩、构图形式等体现，这里归纳几种仅供参考。

（一）同一种商品的系列化包装

1.同一种商品不同规格的系列

同一种商品内外包装一致，它的中包装与小包装的文字、图形、色彩、构成完全相同，但规格不同，容量不同，表现为大、中、小系列，以适应消费者用量的需求。这类包装设计的配套处理较为单纯，但要注意到同一方案伸缩后呈现的视觉效果，确保良好的视觉传达。

2.同一种商品不同成分系列

同一种类的商品，根据消费者的不同需要，所含成分往往是有所不同的。此类设计多体现在食品和化妆品中。如雀巢系列婴儿米粉，就是由不同营养成分组合而成。

3.同一种商品包装形式不同的系列

同一种商品的中包装与小包装形式、材料不同，但包装形式上的色彩、图形、文字采用统一形式设计。这一类设计因内外包装材料、造型不一致，最好在设计时将内外包装同时进行构思与制作，以达到高度的和谐统一。

（二）同类商品的系列化包装

1.不同品种的同类商品系列化包装

对于具有不同品种的同类产品，可以通过相同的构图形式、表现手法、品牌名以及造型来形成系列感，以不同的主体图形、字体及色彩等区分不同产品，从而实现统一多样的系列化包装效果。如各种口味的水果饮料、果冻等食品均可采用此种方法。

2.同类商品不同包装规格的系列化包装

对于具有不同规格的同类商品，在系列化包装时，统一元素可以选择容器造型、图案、字体及主体色彩等来形成包装的系列感。对产品的区分可以通过不同容量的包装容器来实现。这种系列化包装形式统一感强，有利于突出商品的独特形象，满足消费者对不同量的购买需求。

3.同类商品造型不同的系列

同一大类中的不同用途的商品，包装的图形、文字、色彩采用整体风格一致的处理，只是造型不同。如化妆品类的香水、护肤品、粉底、眉笔、唇膏等。这类设计要达到系列感除了要注意图形、色彩、文字的统一处理外，包装造型处理的内在联系也是非常重要的。

4.容器造型相同的同类商品系列化包装

对于容器造型、规格相同的同种商品，可采用相同的构图形式、表现手法、相同的图形或字体等形成系列感，只通过改变包装的色调来进行变化，如集中陈列展示可形成丰富多彩的系列化效果。

（1）同类商品样式相同色彩不同的系列。

同类商品造型、图形、文字排列相同，只将包装色彩加以变化。这种系列手法的使用十分普遍，在设计中掌握好商品品位、特质与微妙的内在因素，处理好色彩的对比与调和关系，是色彩变换的重要条件。

（2）同类商品图形变化的系列。

同类商品，品名、文字、色调、造型不变，只有主画面的图形和位置发生变化。这种系列设计的重点是要处理好彩色摄影与底色等因素的相互协调关系，并且在成套的商品摄影之间也要产生互相联系。

（三）同一品牌的系列化包装

1.同一品牌商品成套组合系列

成套组合系列将几种同类产品组合配套设计成系列包装或将数种品牌产品，在不改变原有包装形式的基础上，重新组合配套，如“四色名酒”“十大名茶”等。这种类型主要是将几种不同的产品分别包装，再组合配套装在一个包装容器中，达到多样统一的系列化效果。

对于规格多样、内容又不相同的产品，主要将品牌商标作为系列表达中心，通过统一的品牌形象、统一的主题文字字体或统一的表现手法中的一种或几种来形成系列化包装，同时对不同的商品采用不同的包装容器造型、设计色彩或主体图形，以突出各个商品的特点。

如3M公司的DIY系列产品。这种系列设计由于数件商品属同类同牌号，在单位产品造型、材料、色彩与包装中体现为统一风格，因此外包装的设计只要在这些因素中保持一致，就较易取得系列感。

2.同一品牌商品的整体化设计

同一企业同一品牌的全部不同商品形成的统一风格，这一结果的取得取决于在产品开发阶段就必须对产品设计、包装形态、材料与视觉传达设计设定清晰、完整的配套方案，并按照方案的整体构想去实施具体每一件包装的设计效果。此类商品的包装中，既要有共性，又要有个性，使之在整体中具有变化，否则就不能吸引消费者的注意。

对于同一企业不同产品、不同形态，不同规格的产品，除可以采用统一的商标、字体外，也可采用同类型的构图形式和表现手法，使其形成统一的系列化特色，针对不同产品的区分，则可以通过造型、规格、色彩上的区分来实现，从而赋予商品灵活多变的特点。

总之，探索和研究系列化包装的系列化特点，表现商品特性之间的形式关系和手法，是系列化包装的关键。从包装的功能和艺术表现上讲，系列化包装同其他商品包装的基本原则没有区别，不同之处在于突出强调包装视觉上的系列化特点。就其变化的丰富性，表现的多样化和整体的感召力上，可见其在市场竞争中的重要地位。

第六章

包装设计的创意方法与印刷表现

包装创意设计具有很强的目的性、针对性和实用性。所谓创意设计，其最基本的含义是指一个独特而未被使用的好创意，这个想法不是毫无根据的想法，而是基于现有经验积累组合而成的，这是一种简洁的思想。包装创意设计后的丰富多彩的视觉效果是通过印刷和技术实现的。本章将对包装设计的创意方法与印刷表现展开论述。

第一节　包装设计的流程与原则

一、包装设计的流程

（一）包装设计的策划与准备工作

在购买过程中，消费者应首先根据功能需求、审美趋势和心理需求了解商品包装所表达的功能、价格和理念。商品包装要求设计师从商品包装的总体环境、分区和展示等方面进行系统的规划和准备，使设计业务顺利运行，更有利于设计师与客户之间的沟通和数据收集，通过对法律、法规和制度的比较、分析和理解，研究设计约束，从而确定正确的设计形式。在设计和规划过程中，应做好以下几点。

（1）了解产品包装的背景。一是顾客对包装设计的要求；第二个问题涉及企业是否有IC计划，并且必须掌握相关的公司识别规则；第三，明确产品是新产品还是替代产品，以及公司同类产品的包装形式。设计师应该了解产品包装的背景，以便制定正确的包装设计策略。

（2）与客户沟通。当有一个包装设计任务时，不要忙于从主观想法实施设计。我们应该做的第一件事是与产品的客户充分沟通，以便能够详细了解设计任务。

（3）了解产品的目标。客户的性别、年龄、教育水平和经济地位弥补了他们在订购商品包装时的差异，因此产品需要有针对性。只有掌握产品的使用对象，才能实现包装的精确设计。

（4）了解产品本身的特点。了解并掌握产品的特性，包括重量、体积、强度、耐光性、防潮性和使用方法。不同的产品有不同的特性，这决定了材料和包装方法，必须满足产品特性的要求。

（5）广告预算等。对资金的了解直接影响到预算内的包装设计。每个客户都希望以较少的投资获得更多的利润，这对设计师来说无疑是一个巨大的挑战。

（6）了解产品是如何销售的。只有通过销售，产品才能成为真正的商品。分销产品的方式有很多，最常见的是超市货架的销售。此外，还有邮购销售和不进入商场的直销，这意味着使用的包装模块应该不同。

（二）包装设计的市场调研与定位

1.包装设计的市场调研

（1）调研对象

市场调研是商品包装设计的重要环节。实践表明，通过系统的科学研究，企业可以提高商品包装营销的成功几率。设计人接受企业委托设计后，应当有针对性、有计划、系统、全面地收集整理与该商品有关的产品、包装市场、生产厂家和消费者的具体数据和情况，并进行客观思考、分析论证，为制定合理的设计方案做准备。

通过市场调查，设计师可以：

①确定植入式广告的最佳解决方案。

②从潜在消费者那里获得开发新产品的想法。

②确定最具吸引力的产品特征。

②确定产品的最佳包装。

⑤确定影响消费者购买决策的最重要因素。

在研究过程中，设计师应充分了解包装市场、产品市场和消费者。

①了解包装市场的现状。根据当前包装市场情况进行调查和分析：

A.听取商品包装代理商、分销商和消费者的意见。

B.深入了解商品包装设计的现状和发展趋势，并将其作为设计师评价的标准。

C.总结最流行的包装风格。

② 设计师应了解产品市场，有清晰的概念，分析和理解类似竞争产品的营销模式和流通模式，尤其是：

A.市场上此类产品的类型。

B.类似商品的包装设计特点。

C.类似货物的销售。

D.当前趋势和趋势。

所有这些都需要具体深入的调查，以掌握更完整、更真实的数据。

从营销理念的角度来看，企业营销活动的中心和出发点是顾客的需求和愿望。设计师应根据市场需求探索商品包装消费者的目标群体，从而制定商品包装和包装风格的定位，并预测潜在商品包装消费者群体的覆盖范围和商品包装的保质期。

②消费者满意度是商品包装销售成功的决定性因素。设计师应充分了解消费者的偏好和需求，如购买动机、行为、购买力和购买习惯。包装设计师需要了解自己和对手，这样才能实现有针对性的包装设计目标，使产品与众不同，更好地吸引消费者。

（2）调研的方式和方法

商品包装设计的市场研究方法各不相同。设计方法的选择可以根据具体情况而定，这不是固定的。由于篇幅有限，以下对这两种研究方法进行了选择性讨论。

①定量研究。

A.针对目标受众和消费者进行了问卷调查。从产品用户的角度了解产品行业的特点和对未来发展的预期，发现与竞争对手相比的优势和劣势，最大限度地了解同行业包装设计的现状。在具体的开发过程中，首先确定调查的主题和内容，然后对问卷问题进行客观、全面、亲和力的抽取，力求完整细致。其次，可以通过电话采访、邮件调查、保留问卷调查、家庭访谈、街头访谈等方式实施。

B.为了亲身感受产品的市场环境，我们还应该参观和调查产品上架的大型超市和商场的市场情况，以及包装类似现有产品的视觉效果，并根据消费者心理收集第一手信息。

C.主动联系卖家和其他直接接触商品的员工，通过聊天等方式获取相关信息。

②描述性搜索方法。

描述性研究以大量代表性样本为基础，是一种能够深入、具体地反映调查对象整体情况的研究方法。描述性研究方法包括：A.二手数据法；B.实地研究方法；C.小组讨论；D.观察方法；E.模拟方法。

针对包装设计的调查可以注意以下两个表（表6-1、表6-2）。

表6-1　包装设计的调查表

<table>
<tr><td colspan="3">品名</td></tr>
<tr><td rowspan="8">图片</td><td>色彩</td><td></td></tr>
<tr><td>构图</td><td></td></tr>
<tr><td>结构造型</td><td></td></tr>
<tr><td>文字</td><td></td></tr>
<tr><td>构思</td><td></td></tr>
<tr><td>商标</td><td></td></tr>
<tr><td>表现手法</td><td></td></tr>
<tr><td>材料</td><td></td></tr>
<tr><td colspan="2">档次</td><td></td></tr>
<tr><td colspan="2">销售区域</td><td></td></tr>
<tr><td colspan="2">生产单位</td><td></td></tr>
<tr><td colspan="2">意见反馈</td><td></td></tr>
<tr><td colspan="2">分析评价</td><td></td></tr>
</table>

表6-2　包装设计调研表

产品名称	
产品生产单位	
产品档次、价格	
主要消费群体	
销售区域	
规格和计量	
竞争对手情况	
信誉度好坏	
性能和形态	

注：“分析评价”要详细说明优缺点以及改进的意见。

设计师必须充分意识到调查的参考价值和意义，绝不能被调查数据和结论蒙蔽，对消费者需求有很好的理解和理解，并意识到调查结果的基本反映。设计凭借自身的文化底蕴、知识积累、设计经验和一些先进思想，把握正确的设计方向，设计出优秀的产品包装。

2.商品包装的定位设计

1972年，美国人Elise和Jack Trout在广告时代提出了定位理论，至今在广告、营销和设计界都产生了很大的影响。

设计导向是在初步设计策划过程中，在综合调查的基础上收集所有能收集到的数据，运用商业思维方式，考虑如何体现产品的人性化，寻求商品特性与消费者心理的融合点，围绕包装设计的基本要素进行逐条对比分析，然后根据市场需求进行筛选，形成优势，避免劣势，确定新产品设计，关注市场，使产品在未来具有竞争力。简言之，设计导向是指在商品包装设计之前，根据营销和营销策略确定的设计信息的基本要素。

信息的三个要素是货物包装必须提供的最基本、最重要的信息。

（1）这些商品是谁生产的?

（2）包装箱里有什么货物?

（3）为谁?

缩写为“生产者、产品和消费者”。这是设计定位的三个要素。设计定位包括三个要素的组合，并找到最合适的切入点。只有当消费者了解了上述基本信息后，他们才能确定这是否是他们所需要的商品，以及是否会发生购买行为。方形或圆形的包装容器都放在架子上，人们的视角只能触及一小部分。这一部分必须将主要信息传递给消费者，即所谓的“主展区”。一些包装容器非常小，因此将所有信息集中在主要展览和商业表面是不现实和不合适的。即使是相对较大的包装，主要信息也可以显示在一个单独的显示面上，该显示面应分为主显示面和次显示面；这是不可能的，不应该以同样的方式对待。每件事都有一个主要矛盾，即要传达的主要信息是什么?如果我们理解了主要矛盾，其他问题就会得到解决。

根据设计定位的三个要素，商品包装设计的定位基本上集中在产品、消费者和品牌上。设计导向的实质是包装设计师根据商品包装的市场和销售策略，突出“生产者、产品和消费者”三要素中的一个或两个以上的重要点，作为包装设计的切入点，利用各种手段将信息快速传递给消费者。如果一种商品的制造商是一家声誉良好的老商店，而老商店是产品广告的优势，即商品包装的切入点，那么设计可以聚焦于“制造商”。“制造商”符号是商品的标识。在设计商品包装时，应将品牌置于领先的包装地位，运用设计技巧加强品牌的视觉冲击力，突出“制造商”作为包装设计的主体。

商品包装设计定位的七种方法是：品牌（即制造商）、产品、消费者和混合品牌加产品、品牌加消费者、产品加消费者、品牌加产品加消费者。

（1）产品定位

产品定位基于产品类别、特性、使用方法、使用场合、价格和质量等基本产品信息，并基于潜在目标消费群体的心理和需求，为产品在类似产品中确立位置。当然，这种产品的定位设计应该通过商品的包装来宣传和表达，让消费者能够清楚地了解产品，并从产品造型、包装文字、图形和颜色等方面关注设计。

消费者对产品的质量往往特别感兴趣。如果产品质量好，形象美观，产品形象可以直接展示给消费者。展示产品的最佳方式是透明包装，打开包装盒上的窗口，让消费者直接看到实际产品，或者在包装容器上用精美的彩色照片生动地展示产品。只要产品具有优势和良好的产品形象，将设计放在“产品”上是非常合适的，也是产品为自己说话的最佳方式。除上述方法外，根据不同的消费对象和销售区域，还可以使用各种特殊的表达方法，如绘画、图形、绘制卡通图像等。同时，表达方式也应根据竞争对手同类产品的包装确定。

（2）消费者定位

消费者定位是指想成为产品潜在消费者的人的类型或心理状态。消费者的定位主要包括消费者的个人需求和群体特征。个人消费需求是指根据消费者之间的生活方式、个性爱好和国籍等差异，满足个人消费需求。如果设计师能很好地定位消费者，他们就能让消费者感觉更友好，就好像这个产品是专门为他生产的一样。例如，脱脂奶粉可以在不增加脂肪的情况下满足人体的需求，这尤其受到想要减肥的女性的喜爱。如果消费者以年轻女性为目标，这些年轻朋友会觉得脱脂奶粉特别适合她们。

如果奶粉中添加了对人类生长有益的微量元素，并且消费目标是新生儿，父母会购买这些元素，以促进下一代的健康成长。老年人需要补钙，在奶粉中添加钙将吸引这些消费者。如果将不同成分的奶粉放置在不同需求的人群中，总销量将大幅增加，这不仅是促销能力，也是消费者对象作为设计放置的基础。“消费者”的定位应该准确。我们应该清楚了解消费者的生活方式、经济状况和消费习惯，否则就会适得其反。

有一家手表制造商，主要生产廉价实用的中档手表，为了扩大产品销售和吸引消费者，将手表的设计放在特定的“消费对象”中是无可争辩的。然而，问题不在于识别特定的消费者，而在于识别什么样的消费者。这位设计师在商品包装和广告中使用了一位著名的电影明星作为消费者形象。包装非常精致，商品包装的广告也很到位。但是，销售情况并不理想。经过调查，许多消费者在包装上看到了电影明星的形象，误以为这只手表是明星用的，而明星与自己无关。从这个角度来看，关键在于消费者对象的准确定位。名人可以用来在一些商品的包装上做广告，而对一些普通商品则没有用。最好使用适合消费的普通人形象。有些明星让人觉得很“基本”，和他们一起穿暖和衣服的效果也很好，这是另一回事。

以女性嗜好香水为例，如果包装瓶形外罩的设计本身就是一种工艺，那么它具有很高的耐用性和精湛性。虽然成本很高，但许多消费者仍然购买它的包装。民族风格的包装也受到许多旅游消费者的青睐。消费群体定位主要基于群体的年龄、性别和职业特征。儿童产品的包装应反映儿童纯洁的心理特征，采用高纯度、明亮、强烈的色彩吸引儿童的注意力；女性产品强调柔和的线条和温暖优雅的色彩；男装产品坚固、庄重，突出科学性和实用性。

（3）品牌定位

作为一个公司名称，品牌标志着公司的内涵和概念。它是代表产品识别程度的符号。它给消费者带来家庭情感和联想，是消费者选择产品的基础，可以为消费者提供某种功能性利益的价值感。

海尔还生产一款名为“阿里斯顿——丽达”的洗衣机。阿里斯顿是一家知名品牌，根据合作协议生产另一种品牌产品。“制造商”并不是通过品牌来体现的。制造商在这里显示的是公司名称。

另一种情况是，制造商和品牌不是同一个名称，这个品牌代表制造商。经过几年的努力，一个有良好声誉的制造商可以成为国内知名品牌产品。这个品牌给消费者留下了深刻的印象。该商标已成为该公司的一项重要知识产权，依靠品牌，它可以在市场上赢得消费者。在这种情况下，将设计定位为“制造商”是一种很好的方式。在不投入大量广告费用的情况下，名牌效应可以给消费者带来信心，扩大商品的销售。

包装设计品牌的定位可以从三个方面考虑：产品包装的图形、颜色和文字。图形包括商标、辅助图形、吉祥物等，直接影响作品的整体效果、内在张力和信息传递，例如鹰牌花旗参采用鹰作为图形；色彩可以直接刺激人们的视觉，改变人们的情绪，无形中影响人们的判断。包装设计的具体特征具有象征性和可识别性，并具有图形本身的形式美学。

为了满足消费者心理，一些老公司划分受众，采取多品牌战略，使用不同的品牌来满足不同消费群体的需求。例如，宝洁旗下有飘柔、潘婷、海飞丝和沙宣等洗发水品牌。

（4）双向定位

在这七种定位模式中，产品品牌、消费品牌和消费产品定位模式最多的是双向定位。

双向定位不能以同样的方式处理，必须将其分为主要定位和次要定位。一个点应该突出显示，另一个点应该用作辅助点。例如，制造商添加产品时，一个因素可能是主要因素，另一个因素可能是辅助因素。这同样适用于其他双向位置。

（5）多向定位

品牌+产品+消费者定位是一种多向定位。同样，我们应该有主次之分，突出一点，并用其他两点来帮助它。

设计定位与销售策略密切相关。设计师必须与销售无关。商品包装不能与产品和销售分开。商品包装的设计在各个方面都受到限制。商品包装的设计可以以消费者为中心，其次是制造商和产品；或者首先是产品，其次是生产者和消费者；只有根据具体的商品和市场情况进行准确定位，我们才能有良好的销售业绩。

简言之，在包装设计中放置产品的方法有很多，其中一种可以使用，或者许多可以充分使用。最终目标是设计一种既能反映商品特点，又能适应市场竞争形势和满足消费者需求的包装形式，从而销售商品。

（三）包装设计方案的制订

在完成商品设计的调查和布置后，设计师提出了商品包装设计的初步思路和内容。这包括在商品包装设计中应达到何种预期效果，以及计划采用何种具体方案来实现这一目标。项目概念的设计，也称为草图，可以提前提交。这个过程可以用铅笔手绘和简单的彩色素描来完成，这个想法可以及时返回给指定的制造商，共同商定下一个工作计划。

设计师可根据预期费用，结合初步设计概念，参考设计调查结论，并根据包装内容物的性质、形状、价值、结构、重量和尺寸，选择合适有效的包装材料；在充分了解材料及其特性后，可以开始设计商品的特定包装形状和结构。在设计中，应考虑到现有产品的生产工艺和自动包装流水线的设备条件，从商品保护、方便运输和方便消费等方面提前确定商品包装的造型结构。对于硬纸板商品的包装，应编制一份具体的结构图，以便于实施包装商品的设计。

准备设计表达元素——图形和文字。文本信息包括品牌字体设计、广告语言、功能性描述性文本准备等。在图形上，摄影图像被类似的照片或效果图像取代。为了更好地演示，首先需要一般效果性能。除此之外，还有产品标志、公司标识、相关符号等，必须提前做好准备。

（四）包装设计方案的实施与评估检验

1.设计方案的实施

商品包装设计的实施将涉及材料、工艺、造型、结构、造型、形象构成等方面。项目实施过程不是项目概念的终结，而是项目概念的深化和发展。独特而巧妙的艺术思想必须体现在独特的艺术形式中。通过商品包装塑造的商品形象，由于其强烈的艺术感染力，使其具有审美价值，这种审美符合消费者对商品的心理感受，自然也必须适应消费者包装的其他功能需求。为了促进商品的销售，商品包装的设计应从平面构成和三维造型两个方面考虑。

（1）平面构成

平面构成是商品包装的主要形象。平面图形表达方法包括直接表达和间接表达。直接表达是指通过主要的具体形象，直接表达当地的设计主题，从而向消费者清晰、具体、直观地传达。间接表达是指通过隐喻、符号等方法表达设计主题的主要形象，使消费者产生一定的联想和感受。

每一种艺术形式都有其独特的个性。在商品设计过程中，它可以通过产品和消费者的真实视觉形象直接表达，也可以通过他们喜欢的图形、颜色和字体间接表达。然而，无论它是如何表达的，我们都必须选择合适的艺术形式，使商品的整体形象和设计风格协调统一。例如，用抽象的雪花设计和布局，则具有强烈的节奏感，它的节奏反映在一次偶然的变色中，打破了有序法则，使其发生变化，图形与品牌文字平衡，协调，充满魅力。

（2）三维造型

包装形状和结构是基于包装的实用功能，如外壳、保护和方便，并且考虑到包装的科学性和合理性，大多数类似商品的包装结构和形状大致相同。例如，礼品盒的设计增加了包装的层次，从内到外添加了各种形式的材料，表现出大方和价值，在造型上应尽可能扩大展示的主表面面积；化妆品香水包装主要采用小口、小体积的玻璃瓶，以体现商品的价值和高品质。例如，台北设计师曾先生设计了一款具有东方中国魅力和现代美学的月饼包装Citrus Moon。Citrus Moon月饼包装完美地结合了东方人文主义传统和当代美学的鲜艳色彩。包装外盒上的抽象水彩画是中秋满月的象征。圆形水果的设计尺寸足够大，以确保滑动的外盒显示月相的不同阶段，内盒是衍生的每月运输周期。每个月饼都对应着一个月中不同时间的月相，伴随着诗歌、诗歌、音乐、音乐和音乐。这个包装传达了传统标签和现代美学的精心融合。

在包装设计中，我们应该充分注意结构的造型和设计。包装作为一种促销手段，改变了商品包装的形状和结构，取得了突破，给人以强烈的视觉冲击力，非常有效地吸引了消费者的注意力，促进了销售，树立了商品独特的个性形象。例如，香水的形状和结构被设计成不规则的钻石和反光材料，非常漂亮。

商品包装的形状和结构的变化不仅应基于美学，还应基于商品消费者的实际功能和心理。具体来说，商品包装的结构和造型改革可以从以下几个方面进行。

①改变一些材料和工艺。例如，龙舌兰酒的顾客有不同的尺寸比，但相同的几何形状是对称的，尺寸图形中的主品牌文字与辅助描述文字相呼应。瓶盖改变了以往的金属材质，采用了圆形木盖的结构设计，提高了酒的档次，具有经典意义。

②货物包装的体积和尺寸必须在尺寸和比例上适当改变。这种变化不是凭空做出的，而是基于商品原始包装的造型结构，比如改变商品组合的体积和比例，增加涂层，扩大空间。

③局部结构和包装形状的变化。例如，采用额外的胶带、标签、把手和其他结构和形状，如开窗、嵌入和密封。如果在瓶盖上加上一个圆形的提取环，不仅有利于葡萄酒的运输，而且非常别致。

（3）提案

初步设计方案可以展示主展示面的效果，以彩色打印完成的设计方案，并以平面效果图的形式向设计部门解释方案，根据产品开发筛选出理想方案，销售和规划，并提出具体的修改建议。需要注意的是，本计划草案的选择不是一夜之间就能完成的，但可能需要对其进行多次审查。

设计师将最终选定的一些设计方案再次设计，并将其转换为实际尺寸的三维色彩效果，使其更接近实际成品。设计师可以测试设计的实际效果，通过三维效果发现商品包装结构建模的不足，并将改进后的三维效果草图再次提交给设计部门。

2.设计方案的评估检测

设计方案的提出和实施并不是一成不变的，需要多次修改和整合，可以在内容和形式等多方面不断拓展。例如，设计师根据目标消费者的心理需求和商品的特点进行准确、详细的定位，充分评估包装功能是否满足消费者的心理需求、时代的发展，以及在视觉表达上是否贴心、照顾人，能够更好地与人沟通。在印刷和最终生产中，评估是否符合新技术和新工艺的要求，是否符合环保要求，材料是否浪费。

根据企业对不同风格设计图纸的意见和建议，设计人员必须仔细选择和审议设计方案，以完成进一步的修改和处理。然后选择两到三种方案进行印刷和小规模生产。小规模的测试产品在英语中被称为“dummy”。开发的产品实际上是装入小批量生产的商品的包装中，然后由市场研究部负责进行测试，并向消费者进行试销。

在商品试销阶段，设计部门可以根据商品包装的功能、风格和社会构成设定目标，对其结构、视觉表现等方面进行微观和宏观检查，然后根据消费者反馈进行改进的重新设计，最终确定量产，以达到最佳的使用和销售目的。为了实现这一目标，解决设计中存在的问题，满足客户需求，需要对拟采用的实施方案进行深入分析，逐步完善，并运用系统分析方法，从多层次、多角度对包装进行评价，以达到最佳效果。

完成之前的链接后，进入实施和生产阶段。一般情况下，包装设计方案和图纸交付给第三方生产部门完成生产。在这个阶段，设计师的概念和设计是否能很好地相互作用，在很大程度上取决于设计概念能否被准确传达。设计师应能参与生产现场的监督和生产，并与其他部门合作制定包装系统的推广计划，包括广告和推广系统以及反馈信息，以促进产品最终结果的理想表现。

二、包装设计的原则

在产品包装设计过程中，必须满足甲方客户的设计要求，在不违反客户意见的情况下，不得更改或删除设计内容。当客户需求出现严重问题时，与客户沟通并达成共识后，方可进行设计任务。

为了满足包装的适用性，在包装设计过程中必须遵守一些严格的规定和原则，如下所述。

（一）经济原则

在设计产品包装时，应在保证包装效果和功能的前提下，考虑包装成本，尽量减少消耗，控制成本。成本降低主要体现在商品包装和包装尺寸的生产上，以及生产技术的选择上。

在选材时，我们应该坚持适度原则。在生产过程方面，有意比较不同的输出模式和类型，以在设计意图和物理效果之间找到平衡。印刷前，纸包装盒必须做好印刷准备，如制版。

（二）便利性原则

首先是体积适中，便于携带和使用。为了节省运输成本，产品包装必须满足便携性和易于处理的条件。因此，在理解包装设计规模时，需要更多地考虑包装方法和包装结构，以尽可能减少包装体积。

其次是易于装载和抓握。在设计包装时，应考虑包装人员和包装用户在装卸和开箱时的便利性，以避免出现缺陷和设计错误，从而给用户和人员的操作造成不必要的困难和障碍。例如，在白酒瓶的设计中，为了将液体倒入瓶中而不留残渣，在设计酒瓶时，瓶肩与瓶颈之间的角度不应大于90°。

然后是最小重心原理。在设计包装时，尽量使包装底座稳定或降低重心，这样可以增加产品包装在展示时的稳定性，也可以增加外包装箱的稳定性。如果设计条件允许，包装箱的长度、宽度和高度必须高于主箱的高度。

最后，质量和数量适度的原则。一般产品和包装的总质量应在20kg以内，质量范围为人工搬运。除了质量，包装的整体尺寸还必须符合人体工程学，不能太大，使人无法工作。每个包装批次的产量可以是套数或其倍数，如6、12、24、48等；它也可以是整数，例如10、20、50等，促进统计和会计。

（三）保护性原则

在产品包装设计过程中，必须充分考虑包装材料对其内部产品的保护。一方面，确保产品在正常搬运、装载和运输、合理挤压和碰撞过程中不会受损。另一方面，包装也应该保护消费者，对于潜在危险的产品，包装应该在使用前和使用过程中保护用户的安全。例如，在设计玩具产品的包装时，不允许将包装与订书钉等锋利材料连接，并且需要胶水以避免伤害儿童。对于危险产品，必须在包装上出现醒目的文字和标志。

（四）美学原则

生活水平的提高意味着消费者在购买商品时更加注重美。因此，在展示和销售产品的过程中，美已经成为吸引消费者注意力的重要原因。随着时代的发展，人们对外观形状、材质、颜色等审美意识越来越强，包装必须由设计师设计和加工，并传达给消费者，从而满足消费者的感官认知和心理需求，使产品更容易被消费者接受和购买。

（五）环境保护原则

除了满足人们当前的需求外，该项目还应考虑整个环境系统的状态和人类生存状态。在社会资源过度消耗、环境压力过大的情况下，环境保护设计原则是解决环境与发展、能源利用、绿色与可持续问题的重要手段。据统计，中国80%以上的商品包装在首次使用后被丢弃，造成大量的包装废弃物。包装设计的环境保护可以从两个方面实现：一是适度包装，不浪费资源；其次，在包装材料的选择和收集方面要注意绿色环保，例如，包装材料是否对消费和健康有副作用，包装材料是否再次收集和使用。通过合理选择包装材料、多样化功能设计、拆卸、分解和重组造型等方法，提高包装再利用的可能性，在一定程度上减少资源浪费，树立绿色品牌形象，提升品牌价值。

第二节　包装设计的思维与构思

一、包装设计的思维

（一）理性与感性思维的融合

包装设计思维不仅是一个理性的过程，也是一个感性的过程。一方面，包装的设计思维离不开设计师在产品因素、消费因素、营销因素等方面寻找问题点的理性思维。理性思维为包装的整个设计思维打开了思维背景和基础，为设计思维准备了充分的条件和手段，为设计思维提供了起点和方向。同时，包装设计的思维结果也需要用理性思维来检验和提高。另一方面，感性思维在包装设计思维中也起着重要作用。一般来说，设计思维过程总是伴随着强烈的感知体验和灵活的想象力。创意设计思维的结果往往凭借其直觉、灵感，甚至情感和无意识的梦想而脱颖而出。如果理性是设计思维的坚实基础，那么敏感性可以弥补理性思维的不足，成为设计思维的翅膀。对于包装设计而言，丰富而敏感的感性思维和细致而细腻的理性思维必须相互结合和融合。无论是方法论的视觉表达，还是无形思维中的创造性思维，都存在于整个包装设计过程的开始和结束处。

1.理性思维

理性思维侧重于逻辑推理，尤其是在设计之初。理性思维遵循垂直思维的方向，得出明确的结论，从而演绎出整个项目概念，并将其应用到设计创作中。充分利用信息，通过判断和推理，表达对现实的理解；根据功能需求、材料特性、制造特点和消费价值，进行分析、选择、制定、评估和决策的过程。

2.感性思维

感性思维特别关注直觉和灵感、想象和潜意识在创造性活动中的作用，特别是视觉知觉在思维活动中的特殊作用。包装设计中的感性思维是为了充分发挥设计的创造性，弥补理性思维的不足，抛弃一切理性约束，消除理性的干扰和障碍，而理性往往蕴含着更多的创造性。

3.知性的判断

完成上述两个步骤后，必须根据项目的要求进行全面判断，并引入知识判断，以评估方案的理念是否符合项目的和方向。

设计思维中的理性思维和感性思维相辅相成，具有横向和纵向的横向影响。他们产生了更多的想法，并使想法成熟。它们是一组不可分割的设计创意。

（二）多元灵活的思维方式

由于包装设计中有很多制约因素，要创造新的创意，就要突破通常的程式化、概念化、概括化和单一的思维方式，采用扩散思维、逆向思维、组合思维、直觉思维和联想思维等多种思维方式，从不同的角度和方向拓展艺术视野，通过不同的方式充分发挥设计师的创造力。因此，在设计思维的过程中，不能钻牛角尖。如果一种方法不起作用，试试另一种。在现实生活中，没有完美的设计。任何图案都可能有一个或另一个缺陷。因此，包装设计师应该善于解决主要矛盾，抓住问题的焦点，而不影响包装主要功能的使用和艺术效果的基本完善。在许多情况下，单一思维很难处理复杂的设计问题：只有多种思维方式才能产生替代模式，很多时候，从另一个角度思考往往会得到意想不到的结果。

对于包装设计来说，敏锐地观察和感受形象是设计思维必须具备的基本素质。这种素质的培养有赖于图形思维技能的培养。许多初学者喜欢口头表达他们的设计意图，这很难理解。在包装设计领域，图形是专业交流的最佳词汇。因此，掌握形象思维技能尤为重要。

（三）创造性的设计思维本质

设计思维的创造性是指设计师在产生设计思想的过程中，充分发挥自己的心理状态，打破通常的思维方式，赋予包装对象新的意义，从而产生新的设计方案的思维特征。

创意是设计思维最具代表性的基本特征。在包装设计中，只要思想解锁，想象力丰富，发散思维就能产生丰富的创造力；只要思维是不同的，能够突破习惯性思维，就能激发独特的想法；只要我们能快速地相互传递想法，通过类比绕过，灵活地联系，我们就能释放出新的灵感火花；只要我们善于把握事物的本质，使问题简明扼要、条理分明，我们就能有很好的理解力。创意设计过程的形成是一个非常复杂的问题。创意灵感往往来自意外事件，创造力只能通过抛开功利主义、欲望和经济目的的约束和约束而产生。然而，包装设计师不可能抛开经济功能、生产商和销售对象以及设计定位的约束，而是在尊重包装功能和设计规范的前提下，充分发挥自己的个性和创造力。

人们对客观事物思维的升华过程是一个非理性、理性和非理性的过程。最初的非理性是人们不能科学地感知客观事物的本质，因此是幼稚和无知的。理性思维阶段是通过对客观事物的分析和理解，发现自然规律，改变事物规律，形成记忆和经验的过程。当人们深刻理解并熟练理解这些所谓的规律和事物的规律时，思想就进入了一个高层次的不合理阶段，进入了一个自由而广阔的创作空间，人们的创作才能就在不知不觉中涌现出来。

二、包装设计的构思方法

构思是设计的灵魂。在项目创建过程中，很难制定固定设计方法和设计程序的公式，创作大多是不成熟到成熟的过程。在这个过程中，肯定或否定、修改或整合是一种正常现象。这个想法的核心是考虑表达什么以及如何表达。要回答这两个问题，我们应该解决以下四个问题：表现焦点和表现角度、表现的手段和形式。和战斗一样，焦点是目标的攻击，角度是转弯，手段是战术，形式是武器。

（一）表现焦点

焦点是指内容的中心点。包装设计是在有限的框架内进行的，这是一种空间限制。同时，在销售过程中，包装在短时间内得到买家的认可，这是一个时间限制。这种时间和空间的限制要求包装设计不是盲目的完整和完整，关键的选择主要包括品牌、商品本身和消费对象，选择的基本点是提高销量。一些知名品牌或品牌名称的产品可能会使用品牌和品牌名称作为表达焦点；一些具有显著特征的产品或新产品的包装可能会以产品本身为焦点；一些与用户密切相关的原材料包装可能会关注消费者。

（二）表现角度

在确定了表达的形式之后，表达的角度在加深，也就是说，在找到主要目标之后，应该有一个特定的转折点。例如，将品牌作为表达目标就是表达品牌的形象或某种意义。如果我们关注商品本身，它是商品的外部形象或商品的某些内部属性；是否表示公共组件或其功能实用程序。事物有不同的认知角度，关注表现的某个角度，这将有助于表现的清晰。

（三）表现手段

正如焦点和表达角度就像目标和转折点一样，表达技巧可以说是一个战术问题。焦点和角度主要是解决一些问题，这只是问题的一半。良好的表达技巧和造型是设计的生命力。无论它是如何表达的，都需要表达内容和内容的一些特征。从广义上讲，一切事物都必须有自己的特性，一切事物都必须与其他事物相联系。通过这种方式，表达一个事物和一个对象有两种基本方法：一种是直接表达该对象的某些特征，称为直接表达，另一种是借助与该对象相关的其他事物间接表达事物，称为间接表达或辅助表达。

1.直接表达

直接表达是指表达的焦点是内容本身，包括表达其外观或用途、用途等。最常用的方法是用摄影图像或打开“窗口”来表达。除了客观的直接表达，还有一些使用辅助模式的直接表达技巧。

（1）衬托。这是一种辅助方式，可以使主题更充分地表达出来。设置的图像可以是具体的，也可以是抽象的。在处理过程中，注意不要主导主题。

（2）对比。对比是衬托变换的一种形式，它是从主体的另一侧开始，使主体获得更强的对比表现。对比部分可以是具体的，也可以是抽象的。在直接表达中，我们也可以使用改变主体形象的方法，使其主要特征更加突出，归纳和夸张是常用的。

（3）归纳。归纳法追求简洁的清晰，而夸张法追求变化的突出。它们的共同点是对主体的形象进行一些改变。夸张不仅是一种选择，更是一种强调，这使得主体的形象不合理，但也合理。在中国民间剪纸、泥塑、皮影造型和外国卡通艺术中，有许多生动的例子。这种表达技巧充满了浪漫情趣，过度包装的形象一般应注意包装的特点，生动有趣，不宜采用丑陋的形式。

（4）特写。特写镜头是一种处理技术，它把事物拿出来放大，并表现放大的部分地，以使主题的特征更加集中，在设计中要注意事物的一些地方特色。

2.间接表现

间接表达是一种相对内在的表达方式，即物体本身不出现在图像中，并借助其他相关事物来表达对象。这种技巧有更广泛的表达方式：在概念方面，它通常用于表达某种属性或品牌以及内容的想法。就产品而言，有些东西是无法直接表达的，比如香水、酒、洗涤剂等，这需要间接陈述。同时，许多直接表现产品往往寻求创新，从间接表现转变为创新、独特、多变的表现效果。间接表达包括隐喻、联想、象征和装饰，具体如下：

（1）隐喻。隐喻是将这件事与其他事情进行比较，这是它们之间的一种方式。使用的隐喻元素必须是大多数人共同理解的特定事物和图像，这就要求设计师对生活和文化有丰富的知识。

（2）联想。联想是指在特定图像的帮助下，引导观看者的理解向特定方向聚焦，观看者产生的关联将完成图像上未直接解释的内容。这也是一种表达自己的方式。当人们看到一份设计作品时，他们不只是在视觉上接受它，而是总是有一定的心理活动，一些心理活动的意识取决于设计的表现，这是联想应用的心理基础。联想使用的媒介形象比比喻形象更灵活，可以是具体的，也可以是抽象的。各种具体和抽象的形象都能引起人们的联想。人们可以从鲜花想到幸福、从蝌蚪想到青蛙、从金字塔想到埃及、从落叶想到秋天，等等；我们还可以想象那些有着抽象木纹的山川，从绿色到草原和森林，从流水到时间的流逝，窗户上的冰花，等等，确保人们有各种各样的联想。

（3）象征。这是隐喻与联想结合的转化，在表达意义上更抽象，在表达形式上更简洁。在包装设计中，它主要体现在大多数人的共识中，表达某种商品的某种品牌意义和抽象属性。符号比隐喻和联想更理性、更含蓄。例如，长城和黄河象征着中华民族，金字塔象征着古埃及和文明，枫叶象征着加拿大等。作为一种符号媒介，意义的表达应该具有永久性，不能随意改变。在象征性表达中，色彩的象征性使用也非常重要。

（4）装饰。在间接表达方面，一些礼品包装往往不直接使用隐喻、联想或象征技巧，而是使用装饰技巧，应注意一定的方向性，并利用这种性质来引导观众的感受。

（四）表现形式

表现形式是设计的外在武器，是设计表达和视觉传达的具体语言。在表现形式上应考虑以下几个方面：（1）如何设计主图形和非主体图形；使用照片或绘画；具体或抽象；写实或写意；归纳或夸张；采用特定的流程模块；表面，等等。（2）一般色调如何设计；如何捕捉色块各部分色调的亮度和纯度，不同色块之间的关系以及不同色域的变化。（3）如何设计品牌名称和产品名称的字体；字体的大小是多少。（4）如何处理品牌定位、主文本和主图形的安排；形状、颜色和性格之间的关系是什么；什么样的编排一个接一个地形成。（5）是否需要辅助设计处理，例如，如何考虑金、银的使用、肌理和质地的变化，在形式考虑过程中，应仔细考虑这些问题。

第三节 包装设计的创意方法

一、头脑风暴法

头脑风暴法（BrainStorming）是指利用集体思维产生连锁反应，从而引发创造性思维的方法。这是BBDO广告公司在美国的首创。在包装造型设计中，这种方法主要是指包装设计工作组的工作人员在正常和谐、不受限制的气氛中，以会议的形式逃避讨论和讨论，打破惯例，积极思考，充分表达自己的设计意见（表6-3）

表6-3 头脑风暴法实施步骤

1	确定头脑风暴的目的，将包装设计问题或题目写在白纸板上	
2	确定使用哪一种头脑风暴的形式（结构化/非结构化）	
3	与设计团队回顾头脑风暴会的基本原则	
4	结构化的头脑风暴	非结构化的头脑风暴
5	个人任意地说出想法	个人轮流地说出想法
6	当团队的想法阐述完毕后，主持人可用提问的方式来促进更多的设计想法产生	
7	当完成以上步骤后，主持人可根据包装设计命题要求组织大家进行观点评判和筛选，以得到最佳的设计创意方法	

头脑风暴法以小组为单位，人数10~15人（课堂教学也可以以班级为单

位），最好由不同专业或岗位的员工组成；时间从20分钟到60分钟；主持人（主持人只主持会议，不评论假设）；有1~2台电子记录设备，需要仔细完整地记录每个参与者的想法，无论是好是坏。

在头脑风暴中，为了让参与者畅所欲言，相互激励，达到高效，我们必须严格遵守以下原则：第一，讨论过程中禁止批评和评论，只有这样，参与者才能在完全放松的心情下，在他人的鼓励下，集中全部精力发展自己的想法。第二，讨论的目标是明确的，创意越多越好。第三，鼓励巧妙地运用和改进他人的想法；每个参与者都应该从他人的想法中获得灵感，从中获得灵感，或者整合他人的想法，或者通过整合他人的不同想法来提出新想法。第四，支持独立思考，不允许私下交谈，以免干扰他人的思考。第五，在不强调个人成就的情况下，我们应该关注群体的整体利益，关注和理解他人的贡献，创造一个民主的环境，而不是以大多数人的意见阻碍新的个人想法的出现，并激励个人提出更多更好的想法。

二、双钻设计模型法

双钻模型的设计方法由英国设计协会提出。设计模型的核心是找到正确的问题和解决方案，可以应用于改进包装设计。双钻设计模型法主要分为四个阶段（图6–1）。

第一步：发现问题——包括了解客户和消费者需求、当前产品销售情况、消费者对产品的态度、产品竞争分析等，并最终获得了一系列的调查结果。

第二步：定义问题——在这一阶段，需要澄清哪些问题是我们最关注的，哪些问题需要解决，根据设计团队的资源做出妥协，并逐步关注关键问题。

第三步：确立方案——即将初始阶段发现的问题具体化，然后构思设计方案，以改进包装并评估可行性。

第四步：方案制作——逐一分析验证前一阶段确定的解决方案，选择最适合设计和生产的方案。

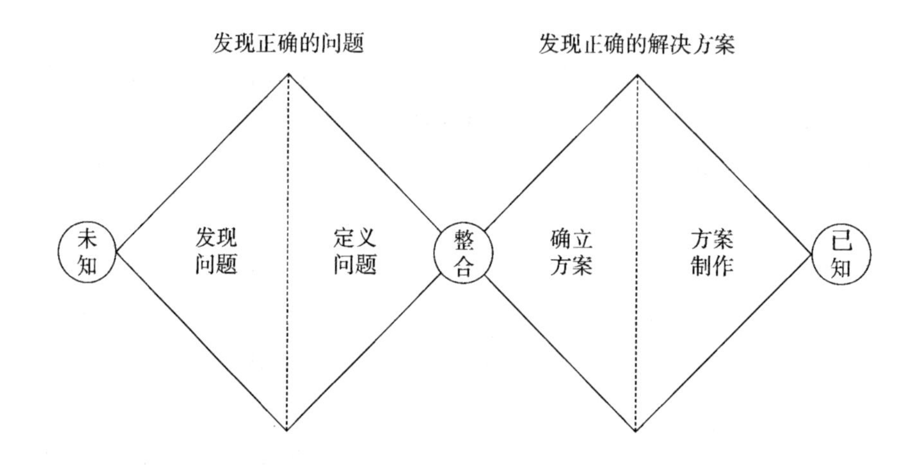

图6-1 双钻设计模型法的实施步骤

三、质疑创意法

疑问式创造力方法，也称为5W2H1E方法，包括What（什么）、Who（谁）、Where（在哪里）、When（何时）、Why（为什么）、How（方法）、How much（价格），以及Effect（效果）的八个方面，是一种常见的思维和设计方法，广泛应用于各个学科，主要根据以下三个阶段。

第一阶段：分析阶段——Why（为什么），也就是说，当设计师收到设计方案时，应该首先分析方案，以澄清客户为什么想要进行包装设计，以及他们预期的日常标准是什么？

第二阶段：设计阶段——Who（谁），即谁是产品包装的目标H，他们喜欢什么设计风格？Where（地点）产品的包装和销售地点；在线和线下销售零件的设计方法有区别吗？What（对象），即包装中应制作什么图形、文字、颜色和其他设计？你要做多少？When（时间），即何时交付，以及项目是否能按时完成？

第三阶段：审核阶段——How（方法），即整个设计方案如何实现？How much（价格）即设计的成本有多高？是否有必要减少不合理的设计方法？如包装材料的选择、盒形的设计、印刷方法的采用等。如果整个包装的成本太高，需要修改，回到Why（为什么）的问题上，重复这个循环，直到项目完成。Effect（效果）也就是说，如果满足客户的预期目标，这种设计会产生什么效果，等等。

第四节　文化元素在包装设计中的运用

一、传统文化在包装设计中的运用

随着世界数字科技革命和人类物质文明的高度发展，国家的民族性逐渐减少，取而代之的是国际化。国际化的整体表现是塑造性的，带有民族性的表现注定要形成自己的视觉语言效果。

越是民族的越是世界的，它丰富的是国家包装体系。传统文化元素是中国文化的精髓，在现代设计中，越来越多的人意识到了它的价值，并在设计中不断开发和运用，使民族文化得以代代相传。

中国民间文化艺术中的许多图形和文案对吉祥、装饰美和原始艺术表现有着强烈的暗示。对于与大众文化相关的产品包装，尤其是在旅游产品的一般形象设计中，中国传统的大众文化和艺术元素是包装设计和艺术创作的不竭源泉。例如，古代墓穴岩画、洞穴壁画、古代工具上的图案、发饰和服装装饰图案、吉祥图案等。这些传统图形和图案是包装设计师在设计行为过程中可以学习和应用的丰富资源。

作为包装设计的视觉元素，流行装饰中的色彩、图案、文字、各种民族文化符号和设计手法，总是为包装设计提供长期的营养。特定的社会环境、社会历史和民族文化的民族精神也成为民族设计的源泉。然而，值得注意的是，中国有大量的民族特色和大量的传统文化内容，在绘画中，必须进行详细的调查和解读，解决文化遗产的语境，理解文化构成的框架，理解文化意义。决不能随意把它拼凑起来，任意嫁接。此外，有必要认识到，民族文化不可能在社会中自主存在，只有在与当前全球社会文化不断融合和互补的情况下才能进化和发展。

（一）传统图案的应用

对于包装设计而言，除了继承传统文化外，中国传统文化的元素也更多地嵌入到包装设计中，包括传统装饰图案、流行图案或象征性的人文主义建筑图案。在包装设计过程中，直接提取传统模型的图案，利用现代表达手法或技术，在包装设计中充分体现传统图案的对称性、虚实和统一特征。此外，它还可以打破原有图形，提取传统吉祥图形的特点，进行简化和定制的创作，并应用传统图形的象征意义，如图形中隐含的吉祥云（代表吉祥）、蟠桃（代表长寿）、蜘蛛（代表知足），公鸡（代表吉祥）和其他形式。面对包装设计中传统图案元素的提取，最值得注意的是龙的借鉴。龙是中华民族的图腾，是力量和吉兆的象征，将其应用于包装设计，不仅体现了包装的民族文化特色，而且加深了消费者对产品的良好印象。在包装设计中，传统造型的设计表达符号突出了东方美学的意义，尤其是对现代文化的新诠释，丰富了设计表达，在探索和碰撞中有着更良性的沟通。

（二）传统水墨书法在包装中的应用

水墨画是中国画的一种表现形式，作为传统艺术的领导者之一，其使用水和墨水作画。墨有焦、浓、淡、干、湿。通过正确浸入，带有独特的墨前，达到了中国水墨的精神，也有了写意精神的理论，更有了水墨的生命精神和时代精神。水墨画已成为中国传统艺术的代表之一，其独特的简洁形式和丰富的审美意境显得简单而丰富。这些元素在包装中的应用，不仅可以提高包装设计的文化特色，而且可以使包装设计在整体设计中取得更好的效果。一条线和一条墨可以增强设计作品的形象感，增强艺术效果，为观众创造独特的审美意境，表现出强烈的人文情怀和文化品位，在世界多样性的背景下非常有价值。

书写文字符号的规则叫作书法。根据汉字的特点和意义，它已成为一种集笔法、结构构架和经营章法于一体的独特艺术形式，它是没有文字的诗，没有线条的舞蹈，没有绘画的绘画，无声的音乐，等等。正如余秋雨所说，“在世界上，只有一个民族以单一的颜色线保持了数千年的审美活力。”书法艺术流传至今，凸显了东方艺术的独特情感和魅力。

现在很多设计师都在学习书法艺术，根据产品选择不同的书法字体，并将其应用到包装设计中，体现出设计独特的表现力和丰富的艺术魅力，也将充分展现出来。在包装设计中加入书法元素，不仅可以让消费者在业余时间欣赏书法之美，还可以让包装更具民族性。在中国，书法设计在茶、酒和器皿包装中有很多应用。简单的背景使用草书或行书书写与产品相关的精美书法，并装饰相应的图案，这不仅装饰了包装，而且与商品的属性相吻合。在其他装饰品和香水的包装中，尤其是在具有强烈传统意义的商品的包装中，通常会使用著名书法家题写品牌名称，因此会使用装饰技巧，使商品的内涵更加明显。在一些食品包装中，文字布局极其丰富，字体更加多变，显示出动态、动态和幽默的图形。在一些电子产品的包装中，为了满足现代人对简洁、时尚和美学的偏好，将简单和年轻的词汇结合起来，使其具有高科技时代的特征。

在当今的艺术潮流中，书法在全球艺术潮流中独树一帜。在这种背景下，它的价值和魅力尤为可贵。书法在包装设计中的应用，可以让消费者在关注和使用中激发民族自豪感，感受纯粹意境之美。

（三）民间剪纸与皮影在包装中的应用

民间艺术也是一个重要的文化元素，它不仅为包装设计提供了新的思路，也让包装设计在大众艺术的帮助下设计出更加个性化的作品。例如，在春节等团圆节，许多礼品包装使用中国红，用剪纸、皮影等传统艺术，以提高包装设计质量，突出节日气氛，营造节日气氛，也很容易被消费者接受。大众艺术的引入不仅改变了现代包装，也为包装设计提供了新的支撑，使包装的内容和设计理念得以创新，设计理念得以不断更新和迭代，使包装设计在传统书法艺术的帮助下实现新的发展。这些都足以使我们实现传统艺术元素与包装设计的完美结合，从而促进包装设计的发展。

二、流行文化在包装设计中的体现

流行文化属于文化的范畴。与高雅文化相比，它具有一定的复杂性和灵活性，它一直深受人们喜爱，其主要功能是娱乐。流行文化在生活中通常有不同的名称，如“大众文化”和“群众文化”，它是人类社会的一种文化行为，也包括当今商业化的文化产业。流行文化的定义主要在音乐、文学和设计领域，这也表明流行文化是一个复杂的、不断变化的概念系统，由时尚、现代、前卫、娱乐、休闲、时尚模式和品位等概念组成。

在包装设计中，流行文化可以更好地与大众消费者建立情感纽带。通过合理地将流行元素融入包装设计中，使设计与产品紧密结合，更加个性化，便于消费者接受，更好地为消费者服务。

（一）波普艺术在包装设计中的体现

波普艺术于20世纪50年代初在英国诞生，并于20世纪50年代中期在美国达到顶峰。在这一时期，他主要针对的是当时主导欧美画坛的抽象表现主义艺术。相反，他触及了所有西方现代主义艺术的基础，并在艺术上做出了巨大的改变。波普艺术也具有文化思想的特点和意义，它确实成为西方艺术史上的一个重要转折点，在当代文化艺术发展中具有不可替代的价值和地位。

Pop在英语中是popular的缩写，意思是流行的、大众的。波普艺术受到美国强烈的创业氛围、电影、卡通、标志、摇滚和杂志的影响，这使得艺术易于理解，每个人都可以参与，缩小了艺术与观众之间的距离。在商业时代，人们的消费需求增加，大规模生产形成了以新闻、电影和商业为中心的大众文化体系。安迪·沃霍尔（Andy Warhol）在纸箱包装上采用了快速、可批量印刷的丝网印刷方法和波普艺术造型，可以包装形成新的设计。对于产品，他们欣赏其时尚性和直接性，关注包装的味道而不是产品的特性，这也是对传统包装的颠覆，艺术直接应用于消费品直到今天。

波普艺术的流行，以及设计中追求的新奇、独特和色彩的大胆对比，让人耳目一新，这与当前人们的审美偏好极为一致。

（二）时尚文化在包装设计中的体现

时尚是时代的文化缩影，是“时代精神”之风。时尚已成为现代生活中不可或缺的文化现象，涉及大众时尚、珠宝首饰、化妆、人们的审美偏好以及整个物质和精神生活的审美活动。时尚文化具有很强的时代属性，直观地展现了一个时代的审美趋势和魅力，具有创新性、娱乐性、消费性等特点。只有不断地、迅速地更新和改变时尚，才能引起人们的兴趣和模仿，才能保持其生命力。此外，时尚文化还具有娱乐性特征，公众追求时尚，通过时尚和新鲜事物获得一些优势，从而达到心理满足，在身心娱乐中发挥作用。

作为流行文化的一个组成部分，时尚引领着不同年龄段的消费者群体。受时尚文化的影响，包装设计也呈现出时尚的特征。包装设计在包装结构、色彩、图案、元素等方面都趋向于满足现代人的精神品质。设计师的包装设计理念与当前的时尚美学相去甚远，这会使包装看起来低俗。这样的设计将不可避免地显得过时，无法被消费者认可，尤其是倾向于礼品的包装，它应该遵循当前的流行文化。

（三）动漫与插画艺术在包装设计中的体现

动画是动画和漫画的统称，指动画和漫画的集合。以日本为例。日本动画诞生于1917年，它有很强的民族特色，其作品精致小巧，具有超现实的想象空间，能完美地展现观众的思想。如今，动画已经完全融入人们的生活。

动画可以创造一种有趣的休闲氛围，促进品牌基本理念的传播。动画可以塑造品牌形象，形象生动，缩短与消费者的距离，增加亲和力，树立品牌知名度，为企业带来实实在在的丰厚效益。人们熟悉米老鼠、海尔兄弟、Kitty猫、海绵宝宝、哆啦A梦、小猪佩奇、哪吒等相关产品的开发，通过简洁、通用的表达方式模仿动画的形态特征，使设计更加生动。动画文化在包装设计中的应用主要表现为图形、符号和字体。

谭木匠迪士尼公主系列的"公主梳"在产品设计中还原了木兰公主的原型。在产品的外包装中，插入了木兰公主的形象，给人一种年轻、耐心、优雅的魅力，改变了谭木匠成熟的魅力。此外，在包装的结构形式上，还采用了动画的形式，经过对材料和生产工艺的充分调查研究，包装的形状与产品的形状协调一致，使产品的外包装违反规则和形状，呈现出有趣的动画和卡通形式，引起了消费者的关注。

插图又称为插图，对于现代设计来说，它是视觉传达的一种重要形式。使用特定的图像来表达美的生命和魅力。它被广泛应用于商业活动、文化活动、社会公众等领域。在设计领域，商业插图是主要的，插图简洁明了地向消费者传达产品信息，吸引消费者的注意力，使他们相信商品，并在审美愉悦中促进商品交易。一个好的插图设计可以提高产品包装的附加值，根据公司的公司定位，采取多种手段达到理想的艺术效果，为公司带来更直观的广告、推广和服务。农夫山泉在新包装中采用了一系列插图技术，构图细腻，色彩清新柔和，形象清新生动，深受年轻人的喜爱。

第五节　营销学视角下包装设计的策略

包装营销是指通过具有设计感和良好的视觉心理感受的包装来赢得消费者的青睐，吸引消费者购买，从而为商品销售铺平道路的营销方式。在商业市场上，产品包装是商业产品和消费者行为不可或缺的一部分。因此，产品包装对产品销售和产品营销策略有重大影响，甚至影响产品营销策略和营销质量。包装不仅具有保护商品的重要功能，而且具有特殊的自我宣传效果，对塑造企业形象、促进和扩大原材料销售起着重要作用。企业还必须深刻认识当前企业包装营销中存在的误区，采取有效的防范措施，才能在激烈的包装营销战中占据有利地位。

包装设计能为产品营销提供更直接、更有效的沟通渠道，已成为产品营销传播策略的重要组成部分。消费者的购买行为一部分来自产品的功能需求，另一部分来自消费者的心理活动。商品的包装突出了产品必须传递的重要信息，并允许消费者嫁接浓缩在包装上的情感因素，以实现心理共鸣和认同。因此，产品的概念、销售点、品牌、符号等要素必须巧妙地呈现在产品的包装上。

通过包装推广产品，不仅要突出产品与其他同类产品的差异，还要突出产品的质量。差异是指通过品牌和包装形式，有意识地扩大产品之间的质量差异。品牌和包装形式可以在突出产品特点方面发挥作用。一个精心设计的包装以物化的形式反映了公司的营销策略、目标市场、产品价格和分销策略。

包装设计是否美观，色彩与元素的搭配是否协调是非常重要的。首先，成熟产品的包装可以吸引消费者的视觉注意力，即对包装的认可，这决定了产品包装能否在货架上脱颖而出，迅速进入消费者的中心视线；其次，好的产品包装能正确传达其内部产品的有效信息，即包装的传播力，决定产品包装能否准确地向消费者传达产品的特性和效益，激发消费者联想和消费的动机；最后，优秀而恰当的产品包装可以间接反映产品的质量和质量，赢得消费者的信任和青睐，即包装的表现力。在解决包装设计任务时，包装设计师必须同时考虑这三个方面，产品包装必须同时满足这三个方面的要求，才能成为合格的包装。

一、系统的产品调研与分析

充分理解产品的内容不仅是定位和实施包装设计的科学依据，也是制定设计方法的有效支持。因此，产品研究与分析是包装设计中不可或缺的设计环节。通过各级调查分析，充分了解整个包装设计行业的现状，是定位和设计理念的前提和基础。从质量技术到艺术设计，产品的包装始终反映其内部产品及其背后的企业文化形象，并反映公司的营销战略。因此，在包装设计之前进行市场调研是非常重要的一个工作环节。对于商业研究，我们需要深入了解企业的文化理念、发展状况、营销策略等有效信息。对于产品研究，需要了解生产和销售产品的公司的属性、特征、功能、成本、生产过程和期望。为了调查受众，需要了解消费者需求、行为习惯、文化和消费者观念等因素。设计师应将收集到的有效信息划分为地域、文化、受众年龄、性别、时间等因素，以掌握目标设计对象与同类产品的市场比较及其情况，发现同类竞争产品的优缺点、特点和不足。在选择设计语言时，要根据企业文化背景和设计对象发展理念，明确设计重点，关注产品包装的展示环境和展示效果，收集整理消费者使用反馈，以实现销售和消费需求的统一。

二、合理的品牌形象塑造

品牌形象是指在合理的品牌定义下，用文化符号进行的一种商业传播。它包括品牌的定义和品牌衍生文化。公司可以通过提取和转换所有信息来获取品牌形象符号。品牌形象设计是建立沟通和引入品牌符号的过程，目的是通过符号的传播帮助消费者识别和获得品牌印象。设计师必须根据消费者的认知感受和企业自身的发展理念来设计和塑造目标对象的品牌形象。

包装首先要满足的是消费者在购买时对目标产品的识别。在竞争激烈的消费环境中，有许多具有相似属性的产品，产品品牌形象可以为消费者提供选择商品的信息。品牌的名称、符号和手语不仅是品牌形象的主要组成部分，也是品牌区别于其他品牌的重要标志。

在产品包装设计中，品牌主要是通过标志、文字和图案进行符号转换。公司标志可以帮助人们识别和理解公司文化，确保消费者有积极的感受和体验。文字可以给消费者提供产品的知识和联想，强化产品名称和标识的特征。

企业及其产品要想在激烈的市场竞争中得到消费者的认可和喜爱，就必须通过有效的品牌形象设计来吸引消费者的注意力，并通过各种营销手段来提升自己的形象，从而展示品牌的真正价值和功能。由于人们对品牌形象的获取主要取决于视觉感知的审美偏好，因此在包装设计中正确使用良好的品牌视觉形象是非常必要的，也是改善消费者心理印象的有效途径。此外，包装的外观设计和外观质量也是整个企业品牌形象和产品质量的视觉体现。

三、精准的设计构思与文化定位

在竞争激烈的市场环境中，每个企业都在努力寻找提高企业和产品竞争力的途径，从而在市场中寻求生存和发展的空间。公司在市场环境中的质量和良好形象主要体现在消费市场中流通的产品上。在设计行为中，设计导向实际上是指确定设计元素的准确位置，获得包装的设计语言，如图形、文字、颜色、形状和风格。然而，随着时代的发展，消费者行为和观念的多样化，包装设计早已不能简单地从视觉审美形式的角度进行解读和定位。设计文化的形成不能简单地表现在外部，而必须在设计之前进行文化设计。包装设计不仅是产品的外壳，也不能简单地理解为产品，而是为消费者设计的一种新的消费习惯和消费体验。在当今物质丰富的时代，消费者在满足物质需求的同时，也越来越关注和追求精神上的满足。在这种情况下，反映品味和文化风格的产品包装可以让消费者获得精神上的满足和情感上的共鸣。产品的风格反映了文化取向，文化取向总是反映产品的文化属性和企业文化的主张。因此，在包装设计过程中，除了满足自身使用、设计美学和销售的需要外，还必须给予适当的包装文化氛围，使其散发出独特的文化魅力，获得文化认同。

（一）彰显时代感

产品包装能反映当前社会经济和科技发展状况，因此包装设计符合当今时代。在世界经济全球化的今天，科学技术飞速发展，尤其是现代信息技术的发展，使人们的审美意识、价值取向和生活行为习惯呈现出多样化的时代特征。在全球经济一体化的趋势下，地域文化不断交织、融合。许多新的文化观念、价值评估标准和意识通过设计语言反映在产品包装中，成为人们对当代社会认知的思考和反思。例如，繁忙的工作和生活环境改变了人与社会之间的依赖关系，能源的持续发展与生态资源环境之间的矛盾日益尖锐，互联网的快速发展使信息分化与接受之间的关系摆脱了地域和时间的限制，新材料的新审美标准和包装功能的偏差与变化。这些因素构成了当代包装设计的环境，并充分反映在这一时期的包装中。

（二）注重地域差异性

地域特征决定了文化差异，从而形成了消费者行为的差异。地域文化差异主要体现在其内部环境和区别于其他户外环境的鲜明特征上。在包装设计的文化取向上，地域文化差异和地域差异造成的特征是包装设计师无法回避的重要问题。在包装设计过程中，在包装设计中暴露地域文化元素，可以提高产品包装和产品本身的文化品位，澄清其特点，继承和传承当地文化。

地域文化是特定地域特有的文化特征。它的文化价值可以长期稳定地传承下去。它与其他区域文化有着明显的差异，并保持着文化独立性和文化发展。通常，地域文化是按地域位置划分的。由于气候、土壤、水土、生活习惯、饮食偏好、宗教信仰等诸多因素的不同，每个地区的居民都会产生独特的文化。在艺术和设计领域，这些文化可以转化为具有地方特色和特色的文化符号，并影响到居住在该地区的人们，从而在同一地区实现对文化价值的高度共识和认可。同样，地域文化也可以起到协调和挖掘的作用，也可以转化为当地的服装风格、图案、颜色，甚至语言和文字。

将地方差异和特点融入文化将构成一个独特的历史和文化标志。包装设计可以通过地域文化反映地域或产品文化的独特性，在产品与公众之间产生情感共鸣，提高消费者对产品的认知度。此外，合理运用地域文化可以使公众快速识别包装和产品，加快产品包装的信息识别。如果准确有效地提取目标产品的地域文化，不仅可以提高包装的地域文化内涵，还可以提高设计质量，传播文化感染力。

（三）注重民族差异性

在产品包装设计中，除了采用地域文化来提高产品的文化特色外，还可以体现其民族文化特色。在当前消费市场多元化的背景下，产品必须满足消费者多样化的购买需求，必须准确把握消费者心理、行为习惯、动机等多个环节，才能在商业产品与消费者之间架起共鸣的桥梁。在包装设计中加入民族文化特色，可以进一步满足消费者的精神文化需求，确保消费者与产品产生精神共鸣。在包装设计过程中，针对目标受众采用有针对性的设计手段和设计语言，突出民族文化特色，提高目标民族受众对产品的亲和力和认同感。

每个民族都有自己的民族精神和文化象征，其中最重要、最容易获得的是独特的流行图案和颜色。长期以来，这些文化或图形符号大多经过历史的发展和演变，具有积极的意义，能够反映一个民族独特的民族精神和文化内涵。在包装设计过程中，引入传统模式和目标国家的模式，可以使包装和产品强烈展示其对国家的历史文化内涵，符合民族化设计的理念。

（四）符号化转换

目前，消费性商业市场竞争激烈，人们面对各种各样的商品。因此，只有提高产品的独特性，突出产品的特色，包装才能吸引市场的关注，而符号在其中起着关键作用。在快节奏的市场环境中，消费者获取图像信息的能力远远优于文本信息，文本本身的受众将受到国家和地区的限制。因此，在包装过程中，文化符号的转换是必不可少的环节。

文化符号是指具有特定内涵或意义的认同。它是一个公司、一个地区、一个民族或一个国家独特文化的抽象体现，也是文化内涵的重要载体和形式。符号活动的功能是将人与文化联系起来，因此符号需要人类语言、宗教、艺术、科学和历史的支持。在现代商业包装设计中，通过任何角度和维度结合文化，产生文化转型和文化定位的最终目标是在产品设计美、文化内涵和消费群体之间寻求共识和平衡。将两者统一起来的方法是，设计师必须有意识地发挥和使用文化，并在这个过程中将其提炼或转化为特定的视觉符号。

产品包装设计的主要目的之一是通过有效的信息传播，快速准确地传递信息，使消费者能够沟通和接受产品。符号具有信息迅速传播和文化高度集中的特点。通过他们对符号形象的具体创造，我们可以构建一个视觉符号形象体系，然后通过当前的媒体和视觉传播将符号作为信息，促进企业、产品和消费者之间的有效沟通。

第六节　包装设计的软件与印刷工艺

一、包装设计的软件

包装设计的软件较多，不同设计师则运用不同的软件，以下仅介绍几款最为常见的软件。

（一）AutoCAD

AutoCAD（以下简称CAD）是美国Autodesk公司从1982年12月开始推出的计算机辅助设计及绘图软件。

CAD的主要特点是：绘图精度高；提供丰富的设计功能和方便的操作；

它可以方便地生成图形，图形的存储和显示非常方便；它具有强大的图形编辑功能。

（二）Photoshop

Photoshop是adobe公司著名的图像处理软件之一。它是一款集图像扫描、图像制作、编辑、广告创意、图像输入和输出于一体的图像处理软件。它深受平面设计师和计算机艺术爱好者的喜爱。

在包装设计中，Photoshop的应用可以体现在文字版面的图像处理和版面编排上。Photoshop可以对文本进行各种更改，并使用这些经过艺术处理的文本来增强图像效果。

Photoshop图像编辑是图像处理的基础。它可以对图像进行各种变换，如缩小、放大、旋转、倾斜、镜像和透视。它还可以复制、去除污渍、修复和修改图像损坏。这些功能在处理和制作照片和肖像时非常有效，例如去除照片中有缺陷的部分并对其进行修饰以获得满意的结果。

颜色校正和颜色匹配是Photoshop的突出特点之一。可以快速调整不同颜色的图像和应用。例如，在一系列产品的包装设计渲染中，只有在Photoshop中调整色调，才能获得不同的效果。

（三）Illusrator

Illustrator是adobe公司的矢量绘图软件，具有良好的绘图和跟踪功能。它的外观调色板与Photoshop的动态效果完美结合，可以快速准确地生成彩色或黑白图形，还可以设计任何形状的特殊单词并将其转化为图像。

Illustrator生成的矢量图像可以任意移动、调整大小或修改，但不会影响图形细节的质量、清晰度或省略。它最大的优点是可以平滑地打印和生成图像，尤其是在发射文字时，它可以保持良好的平滑效果，并且可以保持线条和文字的边缘干净平滑。因此，它被广泛应用于广告、出版、印刷等行业的平面设计中。当需要重新设计图像、添加或删除图像内容或更改图像显示样式时，Illustrator软件明显优于Photoshop软件。通过在Illustrator中充分利用几

何工具组、弧线、自由画笔、钢笔等，可以轻松重新设计和生成图像，生成的图像可以随时重复使用和修改。

（四）CorelDRAW

1985年，Michael Cowpland博士在加拿大渥太华创立了Corel公司，CorelDRAW为最早应用在普通个人电脑的矢量绘图软件之一。

CorelDRAW是一个集成了多种软件功能的软件套件。它不仅可以处理图形，还可以处理图像。由于CorelDRAW是一款图形处理软件，它使用几何算法记录视觉颜色信息，因此文件小，处理速度快，在无限放大的情况下不会出现“马赛克”。CorelDRAW拥有丰富的绘图工具和图形工具，使用户可以轻松快速地实现图像处理。CorelDRAW为文本处理、图形处理、位图矢量图形、矢量图形位图、混合图形和文本布局、桌面发布和网络发布提供合理的解决方案。

（五）3ds MAX

3ds Max广泛应用于包装、广告、影视、工业设计、多媒体制作、建筑设计、游戏、辅助教学、工程可视化等领域。使用3ds Max进行虚拟包装设计可以获得逼真的效果。

3ds Max允许用户在窗口中直接观察纹理效果和材质贴图。用户无需重复渲染即可选择适当的结构或材质贴图。此外，3ds Max合成贴图工具可以支持基于Autodesk Toxik软件的特殊效果，例如动态高光（HDR）。3dsmax具有强大的逼真功能和效果，在包装设计中非常有效。

（六）3D Rhino

Rhino是Rhinoceros的缩写，中文名为犀牛。Rhino广泛应用于产品的三维生产、包装、装饰和建筑。Rhino的专长是使用NURBS建模方法，该方法使用曲线和曲面在3D建模中修改轮廓和形状，以产生逼真的效果。NURBS

采用线性定义，精度高，可以进行多角度建模。NURBS建模基本上可以实现任何所需的模型。

Rhino基本上涵盖了NURBS建模的各种功能，因此可以轻松创建各种曲面。在CG行业，艺术家使用Rhino作为建模工具。在产品包装设计中，有人称Rhino为入门级软件，因为它在建模方面非常方便，但在分析、仿真和模拟方面却很薄弱。

二、包装设计的印刷工艺

包装生产的一个重要环节是印刷工艺。包装印刷技术是包装设计的物化过程，是商品进入流通领域之前的重要环节，是提高商品附加值、提高商品竞争力、开拓市场的重要手段和途径。普通四色印刷一般不能满足包装印刷的需要，因此设计师应了解包装印刷工艺的必要知识，使设计的包装作品更实用、更美观。

（一）印刷工艺流程

包装装潢的质量取决于两个因素：设计和印刷技术。只有当设计与板坯的生产和印刷紧密配合时，才能达到预期目的。设计师应熟悉印刷工艺，并应考虑在设计中使用何种印刷方法和采用何种加工技术。在包装成型之前，它必须经过一系列的印刷和有序的加工，一般流程如图6-2所示。

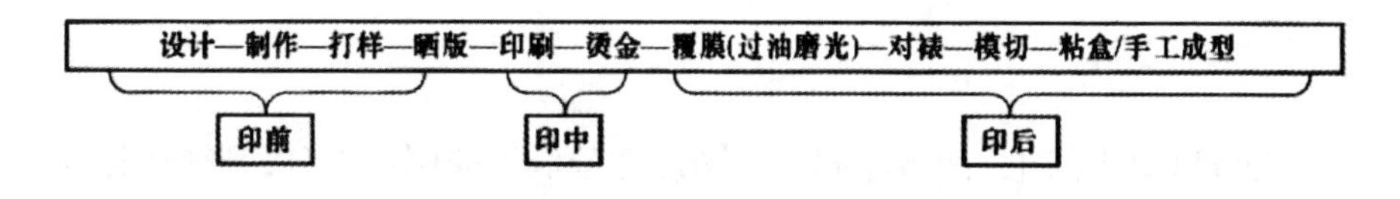

图6-2　印刷工艺流程一般流程图

为了提高打印质量和生产效率，在打印前，注意检查项目草案是否需要增加、删除或调整，以及文本和行是否完整；检查套印线、色码以及各种印刷和切割线是否完整。只有这样，才能提高生产效率，确保印刷的顺利完成。

（二）包装印刷的方法

包装印刷是印刷行业的一种重要类型。除了传统的印刷方法外，还有许多新的印刷方法（如全息印刷、喷墨印刷、不干胶印刷等），与后处理技术相结合，包装不仅具有保护功能，还具有一定的设计和沟通功能。

印刷纸包装的方法有很多。传统的印刷方法主要有书信印刷、雕刻、平版印刷、丝网印刷等。此外，还需要了解一些新的打印方法。采用不同的印刷方法和操作，成品的效果也不同。

1.凸版印刷

凸版印刷又称为浮雕印刷（图6-3）。实际上，雕版印刷和活字印刷都可以看作是浮雕印刷。凸版印刷是指图形部分优于非图形部分和墨轴的墨水只能转移到图形部分，而非图形部分没有墨水，从而完成印刷材料的印刷。凸版印刷有三种类型：平压、圆压平型、圆压圆型。如果文字多，图片少，或者文字变化多次，打印数量少，可以使用凸版印刷；最好使用铜版纸打印图像，以获得更完美的网点。需要强调的是，在凸版印刷中，使用橡胶版或光敏树脂版作为印刷版，被称为“柔版印刷”，由于其印刷速度快，印刷材料范围广，印刷质量好，被广泛应用于包装印刷领域，甚至包括烫印和模切一体式柔性版印刷机。

2.凹版印刷

与凸雕印刷不同，凹版印刷是指图形部分低于非图形部分，形成凹槽形状，油墨只覆盖在槽中，印版表面没有油墨，纸张盖在印版的顶部。印版和纸张通过加压将油墨从印版的凹面部分转移到纸张上（图6-4）。根据印刷格式，有单张纸印刷和卷筒纸印刷，现在后者占大多数。为了提高效率，它通常配备一些辅助设备，如印刷书刊的折叠设备、印刷包装的模切设备等。凹版印刷产品具有墨层厚、色彩鲜艳、印刷强度高、印刷质量稳定、印刷速度快等优点。它们适合印刷高质量的产品。凹版印刷可以高度恢复照片的效果，无论是彩色图像还是黑白图像。

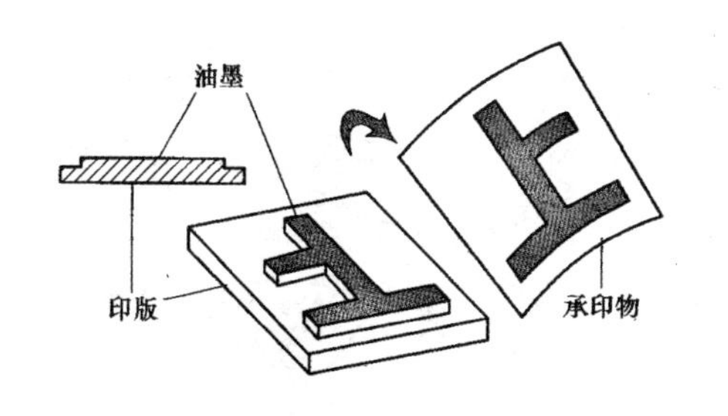

图6-3　凸版印刷原理示意图

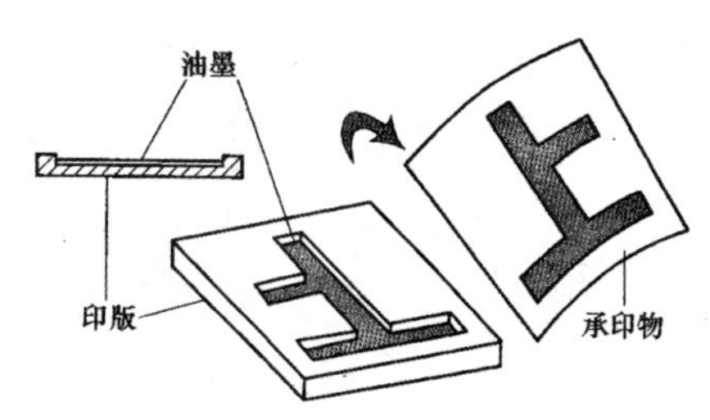

图6-4　凹版印刷原理示意图

3.平版印刷

平版印刷，也称为“胶印”，使印版的图形和非图形部分的表面保持平坦，利用油和水互不溶的原理，图形部分被油膜覆盖，而非图形部分吸收适当的水。当使用墨水时，图形部分会防水并吸收墨水，而非图形部分由于吸水而形成防墨水效果（图6-5）。最新的平版印刷工艺是无水胶印，它消除了不易控制的水分，不仅油墨颜色均匀，饱和度高，而且生产效率高，可以被取代传统的有水胶印。

胶印不需要像印刷那样要求纸张的治疗，只要它不太粗糙，而且印刷效果比凸版印刷更柔软、圆润（马钢也使用印刷）。这种胶印版可以使用数百万次，而且使用时间最长。然而，印刷品具有线条或圆点中心墨色浓密、边缘不平、色彩再现性差、亮度不足等特点。由于其操作简单且成本低，平版印刷已成为印刷领域中使用最广泛的方法。

4.丝网印刷

丝网印刷，又称“丝网印刷”或“丝网印刷”，是指在刮刀的挤压下，油墨从图形部分的网格流失到基板上，但非图形部分的网格被堵塞，从而完成印刷材料的印刷（图6-6）。它具有丰富的印刷质量和强烈的立体感，而且这种印刷方法对基材没有太多要求，因此被广泛应用于各种包装材料中。此外，丝网印刷还可用于大面积印刷，印刷品的最大范围可达3m×4m甚至更大。

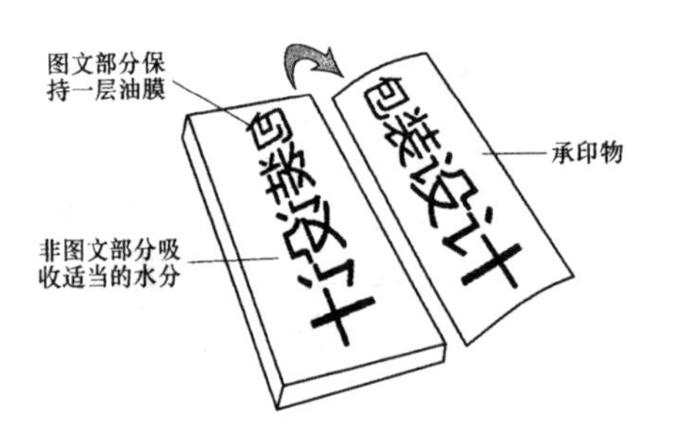

图6-5　平版印刷原理示意图

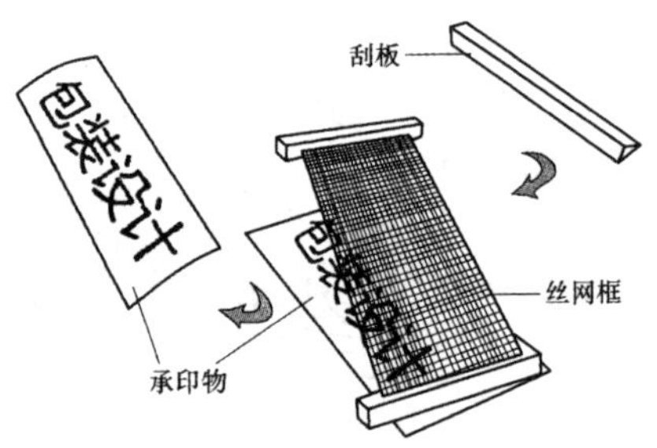

图6-6 丝网印刷原理示意图

5.数字印刷

数字印刷是将计算机和印刷机连接在一起，直接将数字信息文件制成印刷品的过程，无需单独的制版设备。与传统印刷相比，数字印刷非常灵活，适应了信息时代的需要，有很大的发展空间，如小卷书籍、商业印刷（食谱、展览样本、学位证书等），票据印刷、防伪印刷等。

6.热转印

热转移印花是一种新的印花工艺，可以在许多材料上使用，无需制版和印版。它方便、快捷，而且立竿见影。只需先在胶片表面打印图案，然后通过加热将其转移到产品表面即可。成型后油墨与产品表面结合，层次丰富，颜色鲜艳，色差小，适合批量生产。

（三）印刷工艺的选择与应用

印刷工艺的选择和应用包括制版、印刷、热压、黏合或特殊印刷工艺、自动纸盒黏合和手动黏合。纸包装的印刷工艺有很多种。以下是一些常用的印刷工艺。

1.烫金

烫金工艺的表达方式是在凸板上制作所需的烫金图案或银烫金进行加热，然后将所需颜色的铝纸放在印刷品上，加压后，铝箔附在印刷品上。烫金纸有多种颜色，如金、银、镭射金、镭射银、黑、红、绿等。

2.覆膜

覆膜，“过塑”“裱胶”“贴膜”，是指利用涂膜机在印刷品表面覆盖一层透明塑料膜的一种产品加工技术，起到保护和增加光泽的作用。覆盖薄膜后，印刷品的表面将更加光滑、明亮、耐污染、防水和耐磨。通常使用聚丙烯（PP）或聚酯（PET），可分为亮膜和无声膜。

3.凹凸压印

凹凸压印又称压凸纹印刷，是利用凹凸矩阵使印刷品的基材在一定压力下发生塑性变形，从而对印刷品表面进行艺术处理。所有类型的图形和浮雕模型都显示了不同深度的模型，具有明显的浮雕感，从而增强了印刷材料的三维感和艺术感染力。凹凸压印工艺主要用于印刷品和纸容器的后处理，除了包装纸盒，它还广泛用于印刷瓶标签、商标、书籍装订、日历、贺卡等产品。

4.UV印刷工艺

UV打印工艺是在基材上打印一层不规则的半透明油墨，然后用紫外线（UV）使其硬化，并包裹一层油漆（亮光、哑光晶体、镶嵌、金洋葱粉等）在所需的模型上。主要是提高产品的亮度和艺术效果，保护产品表面。其优点是硬度高、耐腐蚀、耐磨、不易划伤等。

参考文献

[1]谭小雯.包装设计[M].上海：上海人民美术出版社，2020.

[2]高彦彬.包装设计[M].重庆：重庆大学出版社，2021.

[3]陈玲，姚田.包装设计[M].武汉：华中科技大学出版社，2020.

[4]罗静.包装设计[M].北京：冶金工业出版社，2020.

[5]冯华.包装设计[M].西安：西北工业大学出版社，2018.

[6]何轩，高源.包装设计[M].合肥：合肥工业大学出版社，2018.

[7]王景爽，张丽丽，李强.包装设计[M].武汉：华中科技大学出版社，2018.

[8]程蓉洁，尹燕，王巍.包装设计[M].北京：中国轻工业出版社，2018.

[9]罗兵，葛颂.包装设计[M].青岛：中国海洋大学出版社，2017.

[10]张蔚然，王芳，李长福主编；林翠芳，吴芳，滕飞等副主编.包装设计[M].石家庄：河北美术出版社，2017.

[11]崔德群，于讴，吴凤颖主编；谭爽副主编.包装设计[M].延吉：延边大学出版社，2016.

[12]于静，李航.包装设计[M].沈阳：辽宁美术出版社，2017.

[13]张瑞.包装设计[M].武汉：武汉大学出版社，2017.

[14]王炳南.包装设计[M].北京：文化发展出版社，2016.

[15]易忠，杨晓芳.包装设计理论与实务[M].合肥：合肥工业大学出版社，2009.

[16]王安霞.产品包装设计[M].南京：东南大学出版社，2015.

[17]孔德扬，孔琰.产品的包装与视觉设计[M].北京：中国轻工业出版社，2014.

[18]王安霞.包装形象的视觉设计[M].南京：东南大学出版社，2006.

[19]石辰三.现代创意包装设计技巧分析与实践探索[M].长春：吉林人民出版社，2019.

[20]金旭东，欧阳慧，谢丽.包装设计[M].北京：中国青年出版社，2012.

[21]过山.现代包装设计[M].长沙：湖南人民出版社，2007.

[22]过山，杨艳平，陈艳球.系列化包装设计[M].北京：清华大学出版社2011.

[23]郭秀.中国元素的表达包装设计艺术与方法实践[M].北京：中国商务出版社，2016.

[24]叶永平.视觉传达设计[M].北京：北京理工大学出版社，2007.

[25]王茜.包装设计[M].武汉：华中科技大学出版社，2011.

[26]殷石，刘明来，陆小彪，等.包装设计[M].合肥：安徽美术出版社，2015.

[27]陈光义，耿燕.包装设计[M].北京：清华大学出版社，2010.

[28]李宁，董莉莉，侯绪恩，等.包装设计[M].北京：清华大学出版社，2017.

[29]陈磊.走进包装设计的世界[M].北京：中国轻工业出版社，2002.

[30]熊承霞.包装设计[M].武汉：武汉理工大学出版社，2018.

[31]郑小利.包装设计理论与实践[M].北京：北京工业大学出版社，2016.

[32]刘丽华.包装设计[M].北京：中国青年出版社，2009.

[33]张瑞，林翠芳，吴芳，等.包装设计[M].武汉：武汉大学出版社，2017.

[34]佟海丰，杨涛，王忠.包装设计[M].北京：北京工艺美术出版社，2009.

[35]张朝晖.艺术设计创新实验教程[M].北京：印刷工业出版社，2011.

[36]陈丽.新媒体时代下视觉传达设计发展趋势研究[M].长春：吉林美术出版社，2018.

[37]王安霞.包装装潢设计[M].开封：河南大学出版社，2004.

[38]杨钢，胡艳珍，牛玉慧，等.包装设计[M].郑州：大象出版社，2016.
刘海飒.包装的视觉设计[M].沈阳：万卷出版公司，2005.

[39]王安霞.包装设计与制作[M].北京：中国轻工业出版社，2013.

[40]周威.玻璃包装容器造型设计[M].北京：印刷工业出版社，2009.

[41]刘延琪.视觉传达在包装设计中的应用[M].北京：中国水利水电出版社，2017.

[42]张旗，尹青，张鸿博，等.包装设计[M].北京：清华大学出版社，2011.

[43]王建，马万贞.包装设计[M].合肥：合肥工业大学出版社，2011.

[44]刘春雷.包装文字与编排设计[M].北京：印刷工业出版社，2010.

[45]罗越.视觉传达[M].哈尔滨：黑龙江科学技术出版社，1996.

[46]徐丽.现代包装设计视觉艺术[M].北京：化学工业出版社，2012.

[47]张红辉.现代包装设计理念变革与创新设计[M].北京：中国纺织出版社，2019.

[48]于静.工业造型设计[M].沈阳：辽宁美术出版社，2013.

[49]李航，于静.包装设计基础[M].沈阳：辽宁美术出版社，2009.

[50]张大鲁，孟娟.包装设计[M].北京：中国纺织出版社，2013.

[51]陈磊.包装设计[M].北京：中国青年出版社，2006.

[52]王岩.平面设计教学实践 视觉传达创意与应用[M].沈阳：辽宁美术出版社，2015.

[53]马可欣，刘洋.高校转型发展系列教材 文字与版式设计[M].北京：清华大学出版社，2018.

[54]于静.现代包装设计[M].沈阳：辽宁美术出版社，2007.